Idea man

Idea man

拖延有救

Start Now. Get Perfect Later.

- 擊垮惰性，讓執行力瞬間翻倍，
- 準時完成工作與生活大小事

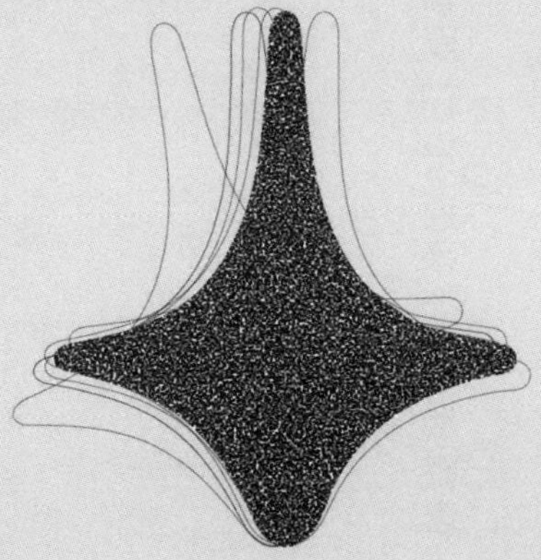

羅伯˙摩爾 Rob Moore——著
張瓅文——譯

目錄 CONTENTS

Part 2

為什麼要鴨子排隊？

Part 3
改變忙不過來的狀態，開始行動

Part 4

做，還是不做？

Part 5

你最容易騙到誰？你自己。

Part 6 研究、測試、檢討、調整、重複、規模化

Part 7

如何做出更快、更好、更難的決定

Part 8

投入

09 ———〈導讀〉搶救你的「不果斷」，
擊破「忙不過來」的自欺謊言！

〈導論〉

搶救你的「不果斷」，擊破「忙不過來」的自欺謊言！

先動手，再追求完美。做就對了。本書一句話講完，結束！

……如果事情有這麼簡單，這本書就沒有存在的必要了。大多數時候你都知道自己該做什麼，那為何不直接去做？

聽起來可能很諷刺，但本書就是要教你去做你已經知道，而且必須做的事情，只是你還需要這本書來推你一把，告訴你：「該動手了！」

更諷刺的是，我想寫這本書已經想了很多年。我自以為夠果斷，但事實可能並非如此。我為了拖延提筆時間，給自己找了許多事情做。當下可能因為有事情做而不覺得怎樣，但隨著截稿時間逼近，我越來越不安。

最後，我對自己使用了本書的技巧。如果你正在閱讀本書，那表示這招對我奏效了。寫書是一件巨大且艱難的任務，若不是有必須完成的重大理由，我可能會選擇直接自我放逐。每個人的心裡都有這樣的一本書，但似乎也都尚未付諸行動。

當你在寫書時，你會活在一種幻覺世界中，把拖延這件事發揮到淋漓盡致，成為東抓西做、瞎忙到不行的絕地大師。

本書不僅會教你如何趕走拖延症，並且讓你學會如何做出聰明、快速、重大的決定，同時你也會看到我在寫第十本書時所經歷的掙扎。

在外人看來，我都已經寫過九本書了，寫第十本應該只是信手捻來的小事，但其實無論寫過多少本書，每次要跟「內心混魔」拔河對抗的心情始終不變。我想，我現在才終於知道該如何在某些時候把混魔關起來。

我終於決定寫這本書，是因為我寫過的書籍與接觸過的公司，無論涉及何種領域，房地產或商業也好，藝術或金錢也罷，「不果斷」與「忙不過來」都是如影隨形的惡魔。無論你是從事創意工作還是做生意、是窮光蛋或百萬富翁、是大師或災星，你都無可避免要面對這兩個惡魔。

我以前覺得只要把自己變得更好，要做決定就會比較容易，但我錯了。無論是管理一份或七百份的資產，一本書都沒寫或是寫了十本，沒有創下世界紀錄或是屢破紀錄，欠下巨債或是賺大錢，我發現每個人需要做的決定只會越來越大、越來越重要。

我以前會期待船到橋頭自然直，但沒多久前我才發現，重點其實是要讓自己變得更好才對。在任何時候，無論年齡、智慧或經歷，你都無可避免要做出決定——好的決定帶你上天堂，壞的決定足以使你沉淪。

我想要寫一本對大家有幫助的書，無論你是聽我廣播節目的企業家，還是房地產投資者，又或者你只是無意間隨手拿起本書的讀者，我都希望這本書能對大家有所幫助。

無論是從個人角度或是從專業、社會及財務角度來說，若能迅速做出有智慧、有難度的決定，並擺脫拖延症與忙不過來的情形，這些無疑都會對你有所助益。希望藉由閱讀本書能帶給讀者更好的健康狀態、財富、喜悅與果斷。而在果斷這件事情上：

記者兼作家拿破崙・希爾（Napoleon Hill）研究過五百多位百萬富翁，他發現這些人都有一個共同特質：**果斷**。希爾在他一九三七年的經典著作《思考致富》（*Think and Grow Rich*）中寫過這麼一句話：「分析過數百名百萬富翁之後，我發現他們每一個人都有一個習慣：**迅速做決定**。」

希爾發現，這些人除了能迅速且自信的做出決定，在必要的情況下，他們也會改變決定，慢慢地改。

從另一個角度來看，「這些能迅速做出決定、明確知道自己想要什麼的人，遲早都會得到想要的東西……在這個世界上，如果是言行舉止之間都散發出知道自己該怎麼往前走的人，上天彷彿都會為其開路。而累積不到財富的人，通常如果需要做決定，一定是想得非常緩慢，並且經常瞬間變卦、一變再變。」

無論你是想當個百萬富翁，還是純粹不甘於當個平凡人，只要懂得如何做出快速、良好、重大及困難的決定，你就會：

- 事半功倍。
- 不再時時刻刻陷入分析癱瘓及自我質疑。
- 提升自信。
- 當一個更好的父母與丈夫／妻子。
- 找到理想伴侶。
- 與生活中對的人相處（員工、朋友、伴侶）。
- 有更多自由時間做自己想做的事情。
- 訓練自己迅速以本能做出更好、更大及更難的決定。
- 讓心靜下來，減緩壓力與擔憂。
- 保持身心健康、更長壽。

對了，我忘了說，這樣還會讓你賺到更多錢呢！那麼，現在就立刻行動吧！

PART 1

導論

1 你不是個拖延者，只是……

「我是個拖延者。」或許你會這樣告訴自己，甚至還把這句話昭告天下。你把「拖延」當成繡在泳衣上的泳章，猶如某種如影隨形的榮譽標籤；彷彿你可以在顯微鏡下觀察自己的DNA，然後看見「拖延」基因組。

注意你給自己貼上的標籤。一旦貼上標籤，對於你所想、所提以及你給自己的定位，無論發生什麼事情你都會怪到它頭上。

「我一直都很會拖。」、「我沒辦法果斷決定。」不需要給自己貼上「身為」拖延者的「身分」，因為這不是真的。事實上，我們每一個人在自己有信心、有經驗的領域中都是非常果斷的。

足球員利昂內爾．梅西（Lionel Messi）知道何時該提腳射門，不需先徵詢隊友同意；英國賽車手路易斯．漢米爾頓（Lewis Hamilton）知道何時該踩煞車，不用看行事曆的時間安排；前南非總統納爾遜．曼德拉（Nelson Mandela）知道何時該寬恕，不用把這件事放到「待辦事項」中。

他們的知識及直覺足以使其鼓起勇氣繼續前進。因為他們已經有過多次經驗，「決策肌肉」已然養成，也經過時間的訓練與壓力的測試，所以知道自己可以這麼做。你也一樣可以在你專精且富有經驗的領域中一飛衝天。

你越進步，過去成功的記憶越多，做決策的本能與準確度就越高。

直到你開始接觸新的領域。

或許梅西在芭蕾舞課就沒那麼果斷？或許曼德拉在扣下手槍板機時會猶豫？你可能會在某些領域中難以下決定，但不代表你這個人就是「不果斷」，對吧？你絕對不會希望孩子因為不擅長科學，就從此被老師貼上「笨蛋」的標籤吧？所以，你也別這樣對待自己。

每個人都有不同的特質及其表現方式。在這種情況下，你絕對不是「沒有動力」或「懶惰」。你只是在面對無法投入、不感興趣、難事或覺得不重要的事情時，「表現」出這些特質罷了。一旦你做的是自己喜歡的事情、喜歡自己在做的事情時，就會變成另外一個人。

就像足球隊的常勝軍也有表現不好的時候。一旦事情發展不順，決策能力就會下降。但狀態好壞只是一時，能力才是永久的。

若你在某個領域表現果斷，請試著把相關經驗帶入生活中的其他方面。以決策能力來說，如果說恐懼與失敗會造成減分，那麼進步與成功就能帶來加分。

開始行動的重點

你有時會拖延，但不代表你是拖延者。別給自己貼標籤，要感受自己好的一面。如果你在某個領域具備決策力，表示你在其他領域也行。藉由過去成功決斷的經驗來培養你的決策肌肉。

2 什麼是不果斷？什麼是拖延？

「我會解決我的拖延症，你等著瞧吧！」

你是否曾經為了逃避做某件重要的事情，結果選擇全心全意投入另一件完全無關緊要的事情當中？

我在寫最後一章時（其實只有兩頁）就有股衝動，一心只想把會議室裡的紙箱拆掉，扔進大垃圾桶裡。我彷彿靈光乍現，意識到人生中最重要的事情就在那裡呼喚我。

沒錯！我一定要拆、箱、子（這是我這輩子從沒做過的事）。就是現在，以救贖和人性之名！最有趣的是，在過去的三十八年裡，我從未有過這種衝動，但一想到「寫書時間」，拆箱子這念頭就瞬間佔據腦海！而且接下來我做的事情聽起來可能很瘋狂：為了證明寫書的重要性，我選擇去聽有關拖延症的有聲書來研究我為什麼拖延我的寫書工作！

在你批評我的做法之前，請記住：大家都有類似的故事。有些可能是慣性，有些可能就發生過那麼一次。我是因為寫書，或許你是因為該剪頭髮？又該採購了？還是因為被迫立刻清理冰箱？

什麼都不做其實並不容易。你必須非常小心，因為瞎忙會很容易導致你做了不必要做的事情，逼你不得不放下一切。

但情況可能還不只如此。至少在上述例子中，你還有做一些事情。說服自己「必須先萬事俱足才能開始」的念頭，才是真正狡猾的想法。

「噢，你看，這房子得好好打掃一番。辦公室需要重新調整，文件也要歸檔。我現在真的得把床鋪好，趁現在把床單換一換。然後還要趕緊把紙箱壓平，垃圾快被收走了，再不做我就會錯過這輩子唯一一次能讓生活平衡的事情。」我們將在第八章進一步探討這種所謂的「提前症」（pre-crastination），以及之所以把平凡無奇的事情當成大事處理的各種神奇原因。

不果斷與拖延症會以各種隱蔽方式出現。或許你只是沒遇到對的時間點，所以才無法做出決定。你可能會做決定，卻又不停質疑自己，永遠無法百分之百支持自己的決策。你可能做下去了又改變心意，覺得含糊、猶豫，或是缺乏清楚與堅定的感受。即便去哪裡吃晚餐這種小事都可能讓你腦袋打結，對吧？

當個人的價值感與獨立感受到威脅時，我們就會選擇拖延，逃避面對困境。如果為了獲取更多有用的（生存）功能而需消耗大量能量時，我們也會選擇拖延。拖延不是病，也跟身分認同（危機）無關，這就是一種自我保護機制，就算有些老套，但非常管用。這套機制會讓我們選擇什麼都不做。

接下來要討論的是「為什麼我們會拖延」。如此一來，你會更深入了解，知道在什麼情況下做出適合的決定。因為，拖延有時也不失為一件好事。

開始行動的重點

拖延及不果斷是人類的正常特質，有助於幫助我們避免面對恐懼、痛苦與威脅的情形。這能使我們保留精力、做更重要的事情。不要給自己貼上拖延者的標籤。你沒有做錯。你只需要知道，你所找的理由以及為了轉移注意力所做的事情，這都是自我保護機制。

3 為什麼你會拖延？是你不堅定嗎？

下次你又覺得有拖延的衝動時，不妨先緩緩。

你是否在等了數月、數年，甚至是幾十年之後，終於跟另一半分手，在一切都結束後，你問自己的唯一一個問題卻是：「為什麼我不早點這麼做？」

我之前跟一個女孩約會，我們暫且用「濃烈」來形容這段感情吧。我很快就愛上她，但沒多久就意識到，我們雖然愛得濃烈，但卻不健康。

儘管我有足夠的理由不信任她，但我依然對她著迷到無法自拔。我無法忍受獨處，也無法接受有人跟她在一起，所以我忍受著這種波動性（你可以發現我用字遣詞非常謹慎）。當我知道我們的關係「結束」後，我還是待在她身邊。

如果她把我推開、讓我選擇結束，我還是會把她追回來。每一次我都說服自己要結束這段關係，但我就是做不到。我跟她父母關係不錯，所以也不想讓他們難過。我覺得如果分手，事情會變得一團亂。

最後一棒打醒我的，是她打在我一位女性友人臉上的那一巴掌，而且當時那位友人還正在店裡上班。那一瞬間，所有事情全都湧上心頭，我告訴她一切都結束了。她不接受，還不斷跑來我家找我，逼得我關掉手機。

剛開始那幾天真的很痛苦，但我終究是挺過來了。這一切也跟我所預期的一樣混亂，但並沒有持續的如我想像那般久，而且挺過一開始的孤獨感之後，我開始覺得自由並且重新找回自己。

朋友們都支持我的決定，一開始我還走不出來時，他們還帶我遠離熟悉的環境去散心。

大家都警告過我，說這是段不健康的關係。我也心知肚明，但就是無法接受。你或許沒有一模一樣的經歷，但假設你跟前任有了孩子，要分手就更難了吧？或許你們之間有太多共同朋友？又或者你覺得自己年紀大了，擔心自己可能再也找不到好對象？或許對方只是在你需要的時候正好出現，而你又不想傷害他們？或許你只是想定下來？還是你不想變成他人說長道短的對象？或許你對他們的愛就像朋友，只是沒了火花？又或者你擔心一旦分手，就會陷入財務危機？

罪惡感與恐懼或許很強烈，但你其實內心深知自己唯一該採取的決定與行動是什麼。

即便你有些後知後覺，但其實你很清楚自己該作何選擇。你比自己所想的還要堅強、擁有更多的資源。痛苦會隨著時間淡化，事情會好轉的。

在做出困難的決定之後，可能要等好長一段時間才能看到回報，但拖延的話會帶來更多痛苦。

稍後在本書中將會教你如何做出重大、困難的決定。

請記住，你不是拖延者，但有時你確實會拖延事情。拖延和不果斷通常並非如你表面上看的那樣簡單，背後經常有你沒看到的原因，例如：

- 害怕未知。
- 害怕犯錯或做錯事情。
- 害怕錯過其他可能性。

- 希望一切完美或先有萬全準備。
- 害怕冒險。
- 害怕自己看起來很笨或是受到批評。
- 害怕被拒絕。
- 害怕走出舒適圈。
- 害怕自己無法達成他人期待。
- 害怕失去已有或努力很久才得到的東西。
- 害怕看不清事情或看不到好處。
- 等待更好的事情發生。
- 害怕讓他人失望或無法令他人滿意。
- 太多選擇或不知所措。
- 對其他人來說或許沒問題，但你不行。
- 太多人提供（相反）的意見或建議。
- 把應該用在重要事情上的時間拿來做輕鬆的事情。

- 決策或任務看似很難、很大或是難以克服。
- 不確定是否該相信自己的直覺（你之前犯過錯）。
- 理智上你知道該這麼做，但就是辦不到。
- 等待允許。
- 自我質疑或懷疑自己。
- 所有決定都很難（我想這樣，又想那樣）。
- 你無法享受這件事。
- 挫折（導致憤怒或缺乏熱情）。
- 你一直都做得很好，所以可以停下來休息一下。
- 但如果這樣呢？如果那樣呢？
- 害怕能力不足。
- 害怕成功。

上述內容是否有部分描述跟你的情況很像呢？這些都會導致罪惡感、挫折感、擔憂、壓力或更糟的情況發生。現在，在你不知該如何是好、想要選擇拖延閱讀本書之前，我們可以把原因分成以下幾點來討論：

①對害怕失敗的抵抗。

②對權威的間接抵抗。

③害怕成功及其所帶來的期待。

拖延是隨著時間推移演變而來的。遠古時代，人類物種之所以存在，正是因為拖延，因為行動不夠快才得以避免死亡。大約在十萬年前，當直立人忙著行遍分佈各洲大陸時，尼安德塔人因為太冷而不願離開洞穴。

當時智人忙著進行現代科學家所稱的「複雜規畫」，這需要先規畫好未來，然後判斷特定行動是否能讓他們往前邁進。與其一對一手持長矛迎戰猛獸，人類選擇花點時間儲備戰力、制定最佳計畫，然後從安全距離射出長矛。衝動決定代表死亡，稍稍放鬆亦為求生。

自此之後，人類對拖延的態度也隨著價值系統提升而有所改變。在史前時代，拖延是因為要先進行全盤規畫，進而得以生存；而今日，拖延卻被視為是無法完成任務，是形容注意力不集中、不知要如何是好，並且把不重要的小事擺在更重要、更複雜的事情之前。如此一來，你便不難看出人類進化與現代社會快速變遷之間的衝突。

在多數的情況下，不果斷和拖延是為了保存個人的自我價值（與生存）。但你會發現，工作不等於個人價值。你所具備的現代技巧與思維方式，將會覆蓋史前時代的生存本能，這些都將在本書中進行探討。

開始行動的重點

不果斷和拖延都具有深層的原因和目的，以確保當事人能生存下去、保有自我價值，以及避免痛苦和恐懼。你必須使用現代的方法來處理史前時代的思維，學會擁抱這個快速變化的世界。

4 你不是唯一一個拖延者

無論是什麼導致你猶豫不決，你都不是唯一有這種情形的人。所有的特質每個人都有，所以你做過的，我們都經歷過。

以前我搞藝術時，可以說是與世隔絕。我在家裡工作，經常通宵達旦，甚至可以好幾個禮拜都不與人接觸。我很難主動去推銷自己的作品，也沒勇氣開口尋求幫忙，因為我認為這會讓別人覺得我很遜。

擺脫藝術家的束縛後，我現在知道**求助也是一種勇氣和力量的表現。**你明明不是一個人，卻選擇獨自承受折磨，而且還不尋找出路，這是一種無謂的行為，也只會讓自己陷於問題之中而無法自拔。

任何會讓你想修理自己、覺得有罪惡感或焦慮的事情，大家其實都做過。根據約瑟夫·西斯（Joseph Heath）和喬爾·安德森（Joel Anderson）共著的《拖延與外在意志》（*Procrastination and the Extended Will*）一文中指出，最常用來拖延的方式包括：

- 頻頻檢查社交媒體。
- 盯著螢幕，希望工作會「自動消失」。
- 打掃。
- 野餐或打盹。
- 運動（或不運動）。
- 做些不重要的事情讓自己分心。
- 看電視及打電玩遊戲。

這些我都經歷過，別急，本書才進行到第四章而已。

重點是要知道，拖延是所有人都會做的事情，但這不能與一個人畫上等號。拖延背後有不為人知的原因，但絕非表面上看到的那樣。

不果斷的行為不過只是某種心理狀況的外顯而已。如果能這麼想，而不是自我厭惡或在內心中抨擊自己，就能隨時打破慣性、「現在開始行動」。

也有人對不果斷的行事方式置之不理，將其拋諸腦後，不當一回事；對這些人而言，不果斷不是什麼大事。但也有人是把不果斷的行為當成衣服穿在身上，束縛越來越重，最後把自己逼出病來。

如果你覺得不想一人獨處、逃避個人責任、很容易因為別人的批評或不認同而感到受傷、深深恐懼被遺棄、在人際關係中非常被動或選擇服從、如果沒有別人幫忙就無法做決定、在社交上避與人意見相左或發生衝突……若有上述情形，或許該是時候尋求專業人士的建議。

我不是這方面醫生，不過我可以告訴你，你並不孤獨。這個世界上有人能幫助你，而且他們願意幫忙，只要開口請求協助就行。

開始行動的重點

每個人都會拖延，你不是唯一的一個。如果你覺得不知該如何是好，請開口尋求幫助。你所經歷的感受，我們都曾有過，而且還有人解決過你面臨的最大難題。尋求幫助其實代表你有力量，而非無能的表現，而且開口往往是解決問題最簡單的方法

5 拖延，不為人知的好處

雖然討論不果斷的好處聽起來可能很奇怪，但當中還真不乏益處。任何負面行為或情緒都有隱藏的好處，否則這些行為不會存在。

知道拖延行為背後的真正目的，將有助於你釐清原因，如此一來便能助你更快地解決問題，讓你「立刻行動」。

正如先前所提過的，拖延讓人類免於滅絕，保留了在面對生命威脅、處理最高價值任務時所需的能量。**拖延不是缺點或缺陷，只是個人價值受到攻擊時的應變之道，保護自己免於失敗、不用接受他人批評。**

從歷史上來看，拖延可能會導致你被逐出部落或社會體系，進而離群索居或死亡。但其實拖延是一件值得存在的事情，而且也有其價值。

有時拖延是一種保護自由、間接抵抗威權的方式，是對個人生命與自由保有掌控權的機制，幫助你獨立生存、發光發熱，成為更偉大存有的一部分。

在某些時候，不果斷是因為害怕成功。對許多人而言這聽起來可能很奇怪，但對另一些人來說卻再正常不過，用阻礙成功的方式來抵抗外界期待加諸在身上的負擔，因此就不用再努力精進，也不用被品頭論足。

在保護自我價值與減輕痛苦的當下，這麼做看似很值得，而且會讓人上癮。如果我們拖延的事情有人幫忙完成，或是沒多久後衣服打折降價，或是當下沒有直接衝突而情況稍後好轉了，這些都會讓我們覺得拖延是值得的。於是期待這些好事會再度發生，希望不用採取行動事情也能自行解決。

這些都是環環相扣且與保留個人價值與存在有關。但問題是，這些目的在原始社會裡比較有價值。身為人類，當今安全性與科技的發展過於快速，某部分的大腦還無法跟上。

深入認識不果斷的原因有助於我們釐清其利與弊，也幫助我們知道它存在的意義，讓我們免於否定自己或任其傷害自我價值。它有助於我們看清真實情況，在問題惡化之前能迅速採取行動。

對於某些低價值的事情，拖延也不失為一件好事。把一般沒有經濟效益或實際利益的事情稍微擱置，把力氣留給最重要或具有高度價值的事情，是比較簡單而聰明的作法。正如同把力氣保留在打獵，而不是用在打掃山洞是一樣的道理。拖延在這些低價值的事情上投入過多精力，自我及個人價值將會大幅提升。

開始行動的重點

所有的不果斷都是有原因的。認識此原因有助於避免貶低自我價值，並且能將拖延視為一種微不足道、可解決的事情。要拖延處理低價值的事物很難，因為這些東西就是用來分散對重要事情的注意力。

6 工作不等於個人價值

一次的跌倒，不足以代表你是失敗者。

身為藝術家，我的東西一直賣不出去，主因就是我太怕展示或推銷自己的作品。如果買家沒有看到實物，要把作品賣出去就不是件容易的事，但我一直說服自己抱著這飄渺的希望繼續作畫，希望有一天會有人主動上門，買下我所有的創作，讓我鬆一口氣。

我現在知道，創作更多的藝術作品實際上就是一種主動拖延——避免跟藝廊和經銷商打交道，也避免進入競爭市場。在內心深處，我知道這些都是最重要的事情，也知道自己有足夠的作品數量，更清楚需要有仲介、藝廊和媒體的協助讓更多人能看見我的作品。

為何我還不邁出那一步，情願讓堆在家裡沒賣出去的作品跟我的作品集清單數量一樣多？那是因為我下意識在保護我的自尊。

藝術對我而言是痛苦的。光是讓別人看到我的創作，就彷彿他們在審視我那充滿恐懼、赤裸裸的靈魂，我甚至無法與觀看我畫作的人同處一室，深怕他們不喜歡我的作品。

在這方面我非常敏感，除非他們明顯表現出讚嘆，否則我會假設他們不喜歡我的作品，只是沒說出口罷了。但如果他們說喜歡，我也不太相信。我沒辦法把自己跟他人對我作品的批評切割開來。我覺得對我作品的批評就等於是對我個人的批評，猶如我的本性和天性全都攤在陽光下任人品頭論足與宰割。

你不等於你的工作，正如同我不等於我的藝術作品。我的藝術是一種思想的表現，而你的任務清單只不過是一連串完成或未完成的行動列表。

一件事情搞砸了，不能代表你的真正價值，就如同某些人會批評我的作品，但並不代表我是個失敗者。

我對自己就是如此嚴苛。我是對自己標準最高的批評者，只是我看不見這一點。為了保護自己的個人價值，我極力杜絕任何可能傷害它的事情，包括基本的社交互動。最可悲也最諷刺的是，讓我藏身其後的保護層，反倒對我傷害最深。

對自己寬容，對自己好一點，你值得的。有時候你會成功，有時候你會跌倒，但「你很棒」這一點無庸置疑，哪怕你到頭來你的創作是場大災難！批評就讓他批評，你要對自己仁慈一點。

開始行動的重點

清楚畫分個人與工作。外界可以評判你的工作，但這不代表你的個人定位。你具有果斷、清晰與卓越的能力。

PART 2

為什麼要
鴨子排隊？

如果要描述完成（或未完成）一件事情時，有一句簡短的英國俚語能完美地描述過程中分心、拖延、忙不過來、藉口與謊言等各種情況：

「我只是要先讓我的鴨子排好隊。」

天知道這究竟是什麼意思！好吧，有一陣子是很流行把飛鴨掛在牆上當飾品，三、四隻排成上升線條、構成美麗的幾何圖形，非常完美。

現在，且慢。

讓鴨子排好隊是一件徒勞無功的事情，因為你永遠無法先讓一切井然有序才開始行動。史蒂芬·賈伯斯（Steve Jobs）曾說：「你無法預先串聯起人生的點滴，唯有在未來回顧時，你才會明白這一切。」這聽起來可能有點諷刺，但要先做好萬全準備才採取行動，卻成了一種拖延的藝術，也是瞎忙的藉口。

在第二部中，本書將會談論大家是如何試圖做好萬全準備、裝忙卻無所成效，又是如何在真正採取行動之前，試圖讓一切看起來理所當然。

7 完美主義的痛苦與迷思

完美主義通常令人感到自豪，彷彿是種多麼偉大的特質一樣。在求職面試中關於「個人缺點」的這個問題上，「我是個完美主義者」是最常見的答案。然後求職者下一步會把這個缺點轉為優點，表示：「正因為如此，我都會把工作做得非常好。」

於是你決定錄取這樣的人。六個月過後，他們離職了，因為他們的大腦想得比實際所需還多，而且無法處理突發狀況。你破壞了他們的條理，這都是你不好。

讀大學時，我習慣把所有上衣按照顏色由深至淺排列，而每根衣架之間的距離都必須一模一樣。我會把靴子一雙雙整齊排在衣架下方。如果不夠完美，我是不會出門的。我經常在準備關門的那一瞬間，衝回屋裡調整衣架位置或是把鞋子往旁邊挪一點。我也知道我很奇怪。

朋友們很快就發現這一點，他們開始動我的鞋子和衣服。一開始只移動了一點點，然後就看著我跑回去把所有東西再次排好。他們樂此不疲，但我本人卻快抓狂了！

雖然我還是喜歡整齊乾淨、把衣服按照顏色排好，但是我不會再計較那些微的差距。有小孩之後，我的強迫症就更不重要了。想要「讓事物井然有序」，跟「想要把事情做好」是兩回事，而當學究式的完美主義者又是另一回事了。

沒錯，是要計畫、要準備，但也要「立刻起身行動」才行。該追求的是專業與個人的傑出表現，而非完美計畫。完美是一種魔咒。從另一個角度來看「追求完美」這件事，這也意味著我們其實都不完美。

其實我們都很棒了，也沒有缺角。我們有令人讚嘆的獨特之處，但我們也會犯錯。我們需要努力的是讓自己成長、更為卓越，要去學習，並且去對抗乏味與停滯不前。但如果一直追求無法達成的目標，就會造成沒安全感，覺得「永遠不夠」，於是乾脆什麼都不做，因而延長了拖延與痛苦的感受。

真的達到完美可能也會很無趣，因為你沒有了目標，不知道該朝什麼方向努力與尋求成長。其實人們也會受到你的缺點所吸引（好吧，並不是所有人都這樣）。但總之沒有人是完美的。

完美的痛苦與迷思是來自於恐懼。你也許害怕未知、犯錯、冒險、失誤、看起來很蠢、被批評或被拒絕。你也許害怕自己無法達成期待、讓別人失望或無法取悅他人，又或者覺得準備永遠不夠。決定本身看似困難，而你又希望能做對的決定。呃，你第一次做愛可能不完美，但你不會因此而不做了吧？

「不要等。永遠不會有剛好對的時刻。」——拿破崙・希爾（Napoleon Hill，美國作家）

開始行動的重點

完美主義是一道緊箍咒、一層面紗，它保護你的自我價值，也讓你避免面對失敗的恐懼和接受批評。你需要的是努力做到最好。「先求行動，再求完美。」

8 提前症是一種忙碌的錯覺

花了一大堆時間，最後可能還是一事無成。

我母親喜歡整理東西，她說這叫「清理」。然而，這些年我觀察下來，發現她所謂的「清理」，其實並沒有真的「把東西清出去」。

長期以來，她只是把一堆東西從一個地方挪到另一個地方。這讓她覺得自己做了很多事。我愛她，但我不認為她在這件事情上有「深入執行」。

或許你在開始工作之前需要把桌面整理好，甚至把整個家打掃乾淨？而且還要先查看新聞，免得在五分鐘前發生了你必須要知道的重大事件？要注意，別因此就覺得自己很忙、有在做事，實際上你只是在拖著不去做該做的重要事項。

出賣我母親之後，我也不得不承認自己在開始工作前固定會檢查我的網路節目

「顛覆性企業家」的分析數據，每次休息時也一定要檢查。好像每重刷一遍，就會多出一百萬個新訂閱用戶似的。

我也會查看我的《生活槓桿》一書在網路書店的排名與評論數量。在寫另一本書《駕馭金錢》時，這種上癮的「提前症」就已經頻頻出現。

承認問題的存在，就已經先解決了一半。

或許你會先檢查臉書或其他社交媒體內容？或許你會重複檢查電子郵件？或是重刷頁面？或許你想做好萬全準備？

提前症就像「暖身」，但其實想要優先且迅速完成最重要的任務，你是不需要暖身的。

打破習慣，給自己一點動力——如果能好好把工作優先儘早完成的話，在第一次停下來休息時，不妨讓自己做一點拖延的事情做來做為獎賞，做你想做的事情。

動力帶來動力。起頭比持續下去更花精力。你的前置作業越多，要開始行動就越難。一直在動的身體就會一直動下去，一直在休息的身體就會想一直休息。別讓自己有機會推遲，因為這只會越來越難開始。

開始行動的重點

提前症是一種忙碌的錯覺，是我們創造出來告訴自己，在開始前要先「準備就緒」。別再欺騙自己，別瞎忙了。在第一次休息時可以做些拖延的事情，當作給自己一點獎勵。

現在就開始行動吧！

9 主動拖延

你最先欺騙的是誰？沒錯，就是你自己！「提前症」的親戚就是「主動拖延」，也就是所謂瞎忙的傻瓜。就像旅鼠，雖然一直移動，卻不知道自己要往哪去，最後走上了懸崖。

「主動拖延」有兩種形式：

一、你是否曾在忙碌的一天結束前，發現一整天都在消耗自己的精力來處理**別人的問題**，最後才意識到沒完成多少有意義的工作？

二、你是否曾在瘋狂忙碌的一天結束前，發現自己的忙碌都是在處理一些**不重要的事情**，卻把大事給拖延了，最後才意識到沒完成多少有意義的工作？

第一點是透過別人「主動拖延」，讓別人來決定你的時間、工作流程及生產力。你可能幫其他人達成了目標，但不是為自己。你這麼做可能是因為有領薪酬，因為覺得很難拒絕，又或是因為沒有自己的目標或優先事項。

第二點是透過欺騙自己很忙、藉此「主動拖延」，但其實你所做的一切都是雜事，最重要的部分可能一事無成。

主動拖延是一種幻覺。這就像心裡有另一個自我在嘲諷自己，操縱你去做明知道不該做的事情。他嘲笑你、慢慢吞噬你。

他往往是阻礙你進步與生產力最大的殺手。

他聰明且迂迴，成功地說服你，讓你相信自己很忙。「繼續吧，你知道你不想做。晚點再說。」這個角色，我稱之為內心混魔。第五十四章就是專門在講「他」。

你必須掌控這個虐待狂版本的自己。逮住那個讓你空忙的自己，然後打破習慣。當下立刻行動，執行真正重要的事情，處理重要的決定，做些有深度且有意義的事情，打敗虐待自己的小精靈。

我妻子一直都很忙，我相信你也認識這樣的人。我希望她別這麼忙（這當然是出於利他的原因）。於是我花錢請了清潔工、廚師、園丁以及私人助理來幫忙處理家務和個人事務，還聘請司機和保姆，甚至找來祖父母幫忙帶孩子。但是，我還是沒有時間跟她進行閨房樂事。

開始行動的重點

小心「主動拖延」：為了感到忙碌而忙碌。這就像吃了一桶冰淇淋——當下感覺很痛快，但罪惡感會隨之而來。抓住這一點，打破慣性，做些高價值的事情或是做出重要決定。

10 後天的事情，別「拖」到明天才做

你有沒有看過電影《我與長指甲》（*Withnail and I*）？學生主角的生活環境很骯髒，從來不打掃也不洗碗。這就是大學時我和同學們使用公共廚房的態度。

我跟麥可共用樓下的廚房，而處理用過的碗盤與餐具的方式就是直接丟掉買新的。但這樣做很花錢，所以我們後來就不扔了，乾脆把用過的餐具直接堆在廚房的洗碗槽裡，越堆越高。最後太滿了，我們就把門鎖上，任其發臭。

我想，我們每個人的心底深處都有一間上鎖的廚房，只是太深了，深到讓我們以為它不存在。

一學期又過去了，門依然鎖著。有時候我經過，還會以為裡面傳來聲音，然後

趕緊回房。我們大二、大三還是住在同一間房間。這非常方便，因為我們不必面對廚房裡的災難現場。我們改用別人的廚房，讓他們很不高興，搞得他們經常點外賣。學期很快又結束了，在大學最後一年的最後一天，逃避了兩年多的事情成了燃眉之急。

當時我跟麥可誰都不想解決這件事，我還記得是我拜託他先動手的。他緩緩把門打開，瞬間一片黑壓壓的蒼蠅大軍如龍捲風般狂掃飛出，整個地板上也全是蒼蠅。牠們像是突變的大蒼蠅：肥胖、飢餓、憤怒。那股惡臭味中帶著無法言喻的腐敗味，到處都是發霉與腐爛的痕跡。

我們花了一整天的時間恢復廚房，除了把大部分的廚具丟掉，還得把剩下的東西一刷再刷。後來，我們這段事蹟成了其他同學茶餘飯後的笑話。

當你拖延，事情就會開始腐爛，然後發臭。決定什麼也不做、拖延它、當鴕鳥，這些依然只是你的決定，但事情並不會因此消失。

不會有人來幫你清理廚房。雪球只會越滾越大，問題只會越變越糟，直到有東西出現阻止。你可能會抱著希望，期待有人來拯救你，但冒險者和變革者絕不會這麼想。

不要把頭埋在沙堆裡。

不要對腦袋裡的聲音充耳不聞，不要欺騙自己說這件事情可以等。如果你知道自己該做什麼，那就動起來，立刻行動。

清理完廚房後，我覺得自由、解脫了。壓在我肩上兩年的重擔消失了，像是從監獄裡被釋放出來。如果你能把重要、困難的事情迅速優先處理好，你就能體會這種感覺。

開始行動的重點

不要把今天的事情拖到明天。「現在開始行動」。什麼都不做也是一種決定，但所有重要的事情如果你不解決，事情只會越變越糟。

深呼吸，不要多想，現在開始行動就對了。

11 任務跳躍

你的電腦一次開了多少瀏覽頁面？手機上同時開了多少網頁或app？你有多少未完成或是開始卻完成不了的事情？如果答案是一個以上，你應該就是有任務跳躍的情形。

這通常是用忙碌的假象，來幻想自己做了很多事。

「多工處理」是另一個我們很容易告訴自己的謊言。我們覺得自己可以在同一時間處理多件事情。我們喜歡做不同的事情。有些人甚至說自己善於一心多用，更糟的是，我們也是這樣說服自己。

有些人對此深信不疑。但如果真需要任務切換，那麼我們唯一該做的任務，其實就是「休息」。

你想進行「多工處理」沒問題，但當下多處理的那件事情，應該是被動且不花大腦的事情。不需要你在主動做一件事之餘，還需要專心去做另一件事。

在健身房聽廣播是可接受且有效的多工處理，在開會時傳簡訊則不是。飛往巴哈馬時在飛機上寫書是可接受、是有效的多任務處理，約會時查看一則臉書不是。

任務切換是種行為。第一次看起來可能不會怎樣，於是你就不斷從一個任務跳到另一個新任務，然後再跳到下一個新任務，就這樣一直跳下去。

在你察覺之前，你已經開始做了許多事情，但卻沒有一件事是完成的。這就像電腦打開了許多瀏覽器，結果就越跑越慢，最後記憶體容量不足、跑不動。接著就過熱了！

每次從一個任務跳到另一個任務時，你會跳出具有動力的工作狀態；當你處於任務狀態時，所需面臨的阻力是最小的。你可能會說這是「在狀況內」或「上軌道」，但往往需要一點時間才能進入這種狀態。

先前提過，一直在動的身體就會一直動下去，而一直在休息的身體，會想一直休息下去。

令人震驚的是，格洛麗亞．馬克（Gloria Mark）在《中斷工作的代價》（*The cost of Interrupted Work: More Speed and Stress*）一書中指出，要再度進入狀況，平均需要二十三分十五秒。這是什麼道理？在任務間跳來跳去，當中浪費掉的時間足以讓你把事情好好做完！

《心流》（*Flow*）一書的作者米哈里．齊克森（Mihaly Csikszentmihalyi）將這種流動狀態稱為「內在動力的最佳狀態，是人們充分融入當下所做之事的感受」。

你肯定知道那種感覺：當你全心投入眼前的事情時，時間就彷彿靜止不動一旦處於此狀態時，就隨著這股動力前進，並且在你有力氣的情況下，盡可能保持這種狀態。我稍後將跟各位分享一個簡單技巧：一套你可以跟著使用的系統，它幫助我在寫這本書的過程中保持專注力，並且也完成了其他重要事項，這更是一套你也能使用的方法。

加利福尼亞大學的格洛麗亞．馬克教授指出：「人們平均每三分五秒就會想換事情做……不僅是在小事上如此，就連處理大項目也是平均每十分半鐘就想換做其他事。」這到底是想怎樣？如果你一天跳針五次，你可能得先花十五分鐘做雜事，再用兩個小時醞釀進入狀態，然後不到一個小時是用在重要事情上。想像一下，如果你能先專心完成工作，你的人生會變得多麼自由。

我這腦容量微小、直線思考的雄性大腦討厭被打斷。被打斷的下一秒我可能就忘記原本在做什麼或想什麼，然後擔心被我瞬間忘記的事情可能很重要，於是我會對打斷者的行為很惱火，接著對打斷我做事或思緒的人狂吼一番，最後我會忘記自己為什麼要這麼做。而打斷者通常是我太太，這種情況下我就必須先道歉。然後我知道晚上會受到處罰，不過有時也可能不會。但我很確定的是，我肯定不是唯一經歷過這種事情的人，對吧？沒錯吧？

永遠都會有人帶著他們覺得很緊急的事情來找你、打斷你正在做的重要事情。一旦你讓這種情況發生，你該做的重要事情永遠都無法完成。所有事情都會變成緊急事件，然後你會不斷救火，而幾週前早該解決的事情卻依然還懸宕在那裡。別再讓這種事情發生。你要停止到處消耗能量，因為大多數時候都是用錯地方、浪費力氣。在接下來的幾章中，本書將提供一些簡單的小技巧，幫助你遠離干擾。

人們在工作與生活中也會發生任務跳躍。他們沒有全心投入最重要的事情，並且還試圖經營副業，覺得自己可以同時應付所有事情。這些人往往害怕錯失了絕佳機會（錯失恐懼症），可是一旦事情變難或是沒有達到他們（不切實際）的期待，他們就會改變，幻想接下來事情會自己變簡單或變好。他們一生不斷在重複相同的模式。

許多人在約會或感情方面都是如此，為了避險而選擇多個「備案」，只因為不想專心對待A方案（對象）。不過，如果你能讓A方案發揮作用，根本就不需要有B方案。他們將蛇梯遊戲的規則運用到工作與私人生活之中，或停或走，一次又一次不停改變。

因此，你需要的是走窄走深，而不是走廣走淺。根據米哈里（他的姓比較好寫）在《心流》中所述，選擇單一任務導向的深度工作而不要出現任務跳躍的情形，這種專心致志所帶來的巨大附加價值是：

「人生中最棒的時刻並不是被動、接受與放鬆的時候……最棒的時刻通常發生在一個人為了某件困難但值得的事情，將自己的身體或心靈發揮到了極限。在這種（流動）狀態中，他們完全沉浸在一件事情中，特別是該事情涉及到個人的創造力。在這段『最佳體驗』中，他們會覺得自己足夠強大、機敏、輕鬆掌控全局、自然發揮，並且處於能力的巔峰狀態。」

（而我在寫這章時只發生了三次任務跳躍，寫到這裡特別有成就感。我想我該休息一下了！）

開始行動的重點

任務跳躍不等於多任務處理，而是浪費時間。如果你在過多事情之間變來變去，你得花兩倍、甚至八倍以上的時間才能完成任務。任務轉換過程期間（空洞）所消耗掉的精力最大，因為一直在動的身體就會一直動下去，而你的精力卻用在一次又一次的重啟。隔離所有的干擾源，讓自己不受打擾，盡可能保持流動狀態。

12 重大決定的迷思

人們以為做決定需要幾年的時間；不用。人們以為做決定是一件大事；不是。許多人認為每個決定都是各自獨立的，其實幾乎很少，決定都是環環相扣的。

做決定只需花十億分之一秒，需要花時間和精力的是如何跨出那一步。面對內心懷疑和恐懼的聲音、害怕他人評價的聲音與想法，才是讓你裹足不前的原因。所有在你腦海裡盤旋多日、數週，甚至數年的各種想法，其實都是只是為了做決定的準備，而且許多都是不必要的干擾。

做單一決定是一件小事。它是獨一無二的想法，只需大腦付出極微的能量。然後它會消失，被下一個決定所取代。據估計，成人每天大約會做出三萬五千個左右（有意識）的決定（相較之下，小孩所做的決定約為三千個左右）。這數字聽起來可能有點不可思議，但事實上，根據康乃爾大學的研究員指出，我們光是在食物上，平均每天就得做出兩百二十六・七個決定。

根據解謎腦鍛鍊（Puzzler Mind Gym）電玩公司的東尼・亞伯懷特（Tony Ablewhite）表示，一個人一生中平均需要做出七十七萬三千六百一十八個決定，但其中高達十四萬三千二百六十二個決定會讓人後悔。從這數字來看，你不可能做出如此多的重大決定，你的大腦肯定會發瘋。

所謂單一決定並非是一個單獨的決定。一個重要決定往往是建立在許多微小的決策之上。

如果你有分手的經驗，你就會知道從「愛」到「不愛」不會是一瞬間的事情，那是在數月或數年間累積下來的小問題、小事導致你做出重大的單一決定，只是過去的事情已經注定了你遲早會做出這個決定。但就算你哪天突然發現自己遭到背叛，在「繼續」與「結束」之間，依然存在許多需要決定的事情。事實上，許多人雖然決定繼續一起走下去，但他們每天都在不斷重複決定；也有的人決定，等過幾個月或幾年之後再處理。

人們在單一決定上所用的力氣，遠比實際上所需的還多，彷彿攸關生死一樣。**如果你把決定看得太重，其實無助於你做出更快、更好的決定。要從大處思考，但是要從小處著手。**

成功不是因為單一決定，而是決定「現在開始行動，稍後再追求完美」。唯有先做出第一個決定（這應該快又容易），後續才有發展的可能性。

有時好的決定會一個接一個，有時也可能會出現壞的決定，讓你倒退幾步。保持決定前進，有時候你只是需要緩緩。你可以把重大決策的重量，分散成一步一步的小決定。

電影中經常出現那種在洗澡時想出妙計「靈光乍現」的畫面，這是媒體最喜歡用的素材。但對大多數的人而言，即便是在社會上具有崇高地位的人，都不可能突然感受到從天而降的「靈光」。

在這突破性想法出現之前，他們都先做過成百上千個不同的決定，正如一夜之間的成功，可能需要花十年的努力付出。在頓悟之前，往往得先反覆採取數千次的行動，就像愛迪生發明電燈前也做過無數次的實驗。可以說，其實沒有所謂的重大決定。

如果你被眼前的狀態所困或忙不過來，決定脫困就從一小步一小步移動開始。

開始行動的重點

大決定往往是由許多小決定累積而成的。做決定只需一瞬間，但可能需要多年時間準備。把決定的重量拆開來，要知道在通往成功的道路上，你會做出許多好的小決定和一些壞的小決定。所以，先從做小決定開始吧！

13 你擔心的事情很少會發生

你是否曾與人發生爭執……而這場爭執發生在你的腦海裡？哈！你肯定有。當有人對你說了什麼、寫了不禮貌的郵件，或是超你車、給你臉色看……然後你的內心劇場就開始上演一番口角。

或許你可以朝他們發火？還是你會想像他們會在背後攻擊你？內心的聲音就這一來一往長達數小時或數日。有一次我跟心裡的聲音吵得不可開交，結果我就沿著長廊一直走，進入了洗手間，還跟著前面的人走進女廁，拉鍊都拉下來的瞬間，才意識到那是女廁。

在腦海裡跟你爭執的對象，甚至可能是你之前從未見過的人。你對他們在現實生活中會說什麼，其實一無所知。這種內心爭執的聲音會消耗你的想像生活、打亂你的現實生活。而且你所想的在現實生活中還不見得會發生，或者情況並不像你內心劇場所想的那麼糟糕。

無論是不果斷、遲遲不開始行動或是忙不過來都是一樣的。所有的恐懼、懷疑以及決定的重量，任何阻止你採取行動的幾乎都是幻覺。

別人如何評斷你、你過去所犯過的錯誤以及未知的未來，這些也都是幻覺，因為在不同時間的事件，都是獨一無二的。

因為擔心在想像的未來世界中有很高的出錯機率，這種擔憂會大大影響、甚至毀了你的當下。

你不知道未來究竟會如何，所以別再設想那些糟糕的情景。其實你也可以抱著這種期待：**所有你設想可能發生的事情，其實幾乎不會發生。**現實情況是獨一無二的，所以就大膽放手去做吧**！**至少開始動手，然後讓一切順其自然。

就算你做出糟糕的決定，也可以藉由下一個小小的決定來慢慢修正。稍後在本書中將會教你如何走出過去、遮蓋住你想像的最糟情況、移除對決策表現的焦慮，並且將你所想像的恐懼和困難決定情境化。

正如總統在做決定時很難知道有多少人會因此而死，所以你也不需要無謂的擔心，你可以開始寫你的書，或是打電話討論嚴肅話題，或是去做你知道該做卻一直拖延的事情。

開始行動的重點

你所擔心的事情其實鮮少發生，這就是一場心中的爭執。幾乎每一次你所擔心的事情都不會如你所恐懼般的發生，所以停止活在過去或未來。先做出決定，然後順其自然，要知道你可以隨時在過程中做調整，進而影響結果。

14 別糾結於過去

我的前女友（同一個人，我可沒那麼風流）有個前男友，我們就叫他「迪克」吧。前女友經常會對我說：「迪克以前都會那樣，我很不喜歡。請停止吧，別像他那樣。」然後她又會說：「你為什麼不像迪克以前這麼做、那麼做？」

「那妳怎麼不乾脆滾回迪克身邊？」

這句話我只有在心裡想，但是從未說出口。我沒那個膽。我也不知道迪克究竟對她做了什麼，但他肯定給她留下了深刻印象。

所謂活在過去，可以是與過去做比較，無法放下過去、向前生活，充滿懷舊之心、內疚感、尷尬、羞愧或怨懟，這些肯定都是無法向前邁進的象徵。而且可能好幾年之後都還在原地打轉，甚至走回頭路。過了這麼久卻還待在原地，實在很有趣，但也可能一點都不好玩。

過去已經過去，結束了。你無法改變發生過的事情，但是你可以改變對記憶的看法與意義，以及其如何塑造你的未來。越早放下過去往前邁進，你的生活就會越早變得更好。過去不代表未來，但許多人卻認為兩者之間有必然的關聯性。

這類強烈的情緒會讓你無法原諒他人或自己過去的錯誤，但唯一真正受到傷害的只有一個人——你。

你不會去抓一隻北極熊，然後背著牠到處跑。

不過人們一生卻往往會背負著情緒包袱，任其在身上越來越重，跟背了一隻巨大的毛茸茸動物沒兩樣。你背得越久，它就越變越重，然後還會開始提出要求，說：「喂，羅伯，我餓了，幫我找點食物。喂，羅伯，我渴了，幫我拿點飲料。喂，羅伯，我要上廁所。」然後它開始主導你的生活，進而影響你的人際互動。

「羅伯，為什麼我們約會你還要帶那隻北極熊？」「噢，我在Tinder上的資料沒說嗎？我去哪都會帶著牠，已經好幾十年了。好吧，我去拿外套。」

我最近跟老同學戴夫重新聯絡上了，能再見到他我很高興，而且他似乎過得還不錯。我們認識已經快三十年了，他看過我人生最胖的時候，但是說起過去的事情時（例如游泳課的泳裝和體育課的內褲……抱歉傷害了各位的眼睛），他卻一點印象也沒有。是我，只有我還活在過去三十年的情緒裡，但他根本不記得，因為他不在乎。

就如同許多我們覺得受到批評的事情一樣，其實別人忙著思考、擔心自己的生活或問題，根本就不會記得我們的事，更不會把三十年前的事情（十歲的羅伯把內褲拉到腋下）當做像昨天才發生一樣。別跟羅伯一樣，要活得像戴夫。

過去不代表未來，所以別讓過去主宰你的人生。唯有著眼當下，把每天都當成全新的一日，你才能停止活在過去，而且明天又是全新的一日。這會帶來新機會、新挑戰。

你的新對象跟前任也不一樣，所以不要還沒開始就先毀了一切。你的新員工或新老闆跟之前的也不會一樣，他們都是獨立的個體，擁有不同的優缺點。如果他們做了什麼或說了什麼讓你想起過去的事情，那是你在與過去的記憶做連結，而非當下正在發生的現況。

根據西北大學多娜·布理基，費恩柏格醫學院所做的一項研究顯示，你對事件的記憶並非是該事件的真實情況，而是在回想（記憶）你對該事件上一次的回想（記憶）內容。你回想次數越多，記憶內容改變的就越多，就像傳話一樣。

所以，你可以一直停留在已經隨著時間而改變的事情當中，然後期待因為過去的事情而讓自己變得更好。不過，那是天方夜譚。

開始行動的重點

活在當下。讓好奇心發揮作用，不要被過去的包袱毀了現在。放手吧。原諒自己與他人。不要沉浸在過去……失敗是可以快轉的。

15 別人怎麼想你並不重要

別人怎麼想你跟你怎麼做決定無關，除非是涉及道德或倫理的行為。如果你做決定都是為了要迎合別人的想法，那所表現出來的絕對不是真實的你。而且你會忙著處理別人的問題，卻一直拖延自己的事情。

而別人怎麼想你……其實根本與你無關。

而且是他們讓自己的生活滿是在想著你是如何在想他們是如何想你。

二〇〇六年時，我在澳洲第一次上公共演講課程，那週徹底改變了我的人生，一開始我覺得充滿挑戰、覺得自己很脆弱，但漸漸變得喜歡把我的想法散播出去、激勵他人。我記得當時很擔心同伴覺得我的簡報做得很糟糕。這個想法消耗了不少我的精力。

當我的技巧與經驗到達一定水平後，我開始設計與講授公開演講課程。我一次又一次看到人們跟我當初一樣脆弱的感受。有些人甚至哭了出來。我終於發現自己太傻了，因為當你在演講時，底下扮演聽眾的同伴，他們一心只想著等下輪到他們上臺當講者，根本就沒聽你在說什麼。他們忙著擔心自己是下一個要上臺的人！你認為別人在看、在批評你的事情，其實也是下一個講者所害怕的事情。所以他們一心只想著自己的事，才沒有力氣來關心（甚至注意）你在做什麼。

我們平均每天有一個小時五十分鐘的時間是用來發愁，一週就是十二個小時五十三分鐘——如果一個人的預期壽命是六十四歲，那麼就約有四年十一個月的時間是用來發愁。

這些時間都是浪費在擔心不會發生的事情，以及擔心別人怎麼看你，但其實人家根本就沒在想。而且多數人根本就不在乎你。正如邱吉爾所說：「如果一路上只要有狗吠你，你就要停下來丟牠石頭的話，那你永遠到不了目的地。」你希望能擁有更多時間嗎？只要別擔心別人怎麼看你，你至少就多兩年的時間了！

如果要根據他人的想法來做決定或是拖延決定，你肯定無法擺脫沮喪感，而且會一直活在別人的看法之中、否定自己的幸福。這是不合理的。只有你知道什麼對自己最好，別人不知道。

你過自己的生活、承擔自己決策的後果，別人不用。如果你做的決定是考量到取悅別人或避免他人批評，那就像是把自己的錢存在別人的銀行帳戶裡。

取悅他人、強烈需要被愛或被喜歡、害怕受到批評或嘲笑，全部都是出於不想被社會排除在外的基本需求，但現在已經不是人類文明發展之初了。你那原始的大腦或許還沒跟上時代，但你的意識心智與決策能力可以。

反正不管你怎麼做，別人都有話說。我買的第一部車是生鏽的白色佛賀汽車（Vauxhall Astra），當時我想要好好整修一番，免得被別人嫌棄，所以我低調地進行改裝。

我裝了一個大口徑的排氣管，還有升級版的K&N空氣淨化濾芯。當時我常開去麥當勞停車場附近，有些人會說我「怪咖」。當我在三十一歲成了百萬富翁之後，我買了人生中的第一輛法拉利。人們現在應該會比較喜歡我了吧？當我把車開到彼得堡大街上時，還是有人會叫我「怪咖」。

如果別人不管怎樣都會指指點點，那你不如就開自己想要的車。如果別人不管怎樣都會說你，那你不如就為自己、為自己所關心的對象做出正確決定。當你不再擔心或懷疑別人怎麼看你時，你的決策過程就少了許多變數，不會再忙不過來，思緒也會變得清晰。

做你自己。

做自己的你，就是最棒的你。當你忠於自己，你就能吸引到對的人，找到能接受並喜歡真實的你的那個人。

當然也有些人會討厭你的好。

開始行動的重點

擔心別人怎麼看你是一件很浪費時間、耗費心力的事情。無論你怎麼決定，別人都有話說，所以你為自己、為你所關心的人做出最好的判斷就好。做你自己，然後你會發現，喜歡你的人是喜歡真正的你，而不是戴上面具後的你。

16 空洞與未知

所有的好決定、壞決定和不決定，都是邁向未知的一步。許多人遲遲不做決定是為了想掌握接下來會遇到的各種情況或變數，但這是不可能的。

也有些人拖延決定是因為害怕未知，但我們所做的任何決定，其實都是走向未知。哪怕拖延也是邁向未知的一步，因為你永遠不會知道太慢決定會發生什麼事。因為未知而拖延決定，往往只會做出更糟糕的選擇。

聽起來這像是基本常識，但是，由於未來的各種可能性都是未知，所以你也可能會做出一個（主動、不完美、未成熟）的決定。如果你覺得拖延決定或不做決定會比較保險，這絕對是錯覺，因為這與積極決定所需面對的未知是一樣的。

拖延所在之處我稱之為「空洞」（void），這是在好決定與壞決定中間的一個黑洞，吸入了大量的不決定行為。但諷刺的是，「不決定」也是一種決定。好的決定是未知，不好的決定也是未知，但幻覺會告訴你，空洞是一處已知且舒服的地方。在此空洞之中，你會短暫感到安全，然後罪惡感與擔憂會緊接而來，接著你就得經歷一段漫長、緩慢、不太痛苦卻又無法做任何決定的痛苦感。

你害怕做決定是因為感受到尖銳的痛苦，儘管好的決定能帶來更多的快樂。因此，你選擇像溫水裡的青蛙一樣待在空洞之中，沒被煮熟之前都不會有感覺。

沒錯，你可能會做出錯誤決定，每個人都會，但在那當下你已經盡力做出最好的決定，你決定要往前，你也可以盡快修正錯誤的決定。這就能從一個已知的錯誤變成正確的選擇，所以也可以說這是正確決定的一部分。之後回想起來，你就會發現其實沒有所謂的重大決定，所有的重大決定都是由一連串的小決定再加上一些「錯誤」決定所構成。**每個偉大的決定都會包含一些錯誤在內**，這些都會累積在一起滾動。

「不決定」會讓你處在一事無成的空洞之中。不決定不等於等待決定。要知道兩者之間的差別。但是別欺騙自己說不決定是一種主動邁出的方式。人們可以在空洞中生活數十年，然後回頭一看只剩深深的後悔，後悔自己沒有早點開始發展個人事業或是嫁給那個人（或是跟那個人離婚），或是再多花點時間跟孩子相處。

每個不決定依然是一種決定，決定什麼都不做，這就會讓你困在空洞之中。習慣是慢慢形成，到最後會難以撼動。決定可以變成一種習慣，待在空洞之中也可以是一種習慣。像練肌肉一樣練習採取行動吧！

現在開始行動，稍後再追求完美。

開始行動的重點

所有的決定，無論好壞，都要面對未知。別把生命浪費在不決定的空洞之中或是窮擔心，因為所有的一切都是未知。所有好的決定都是由各種好壞決定累積而成。壞的決定或許會帶給你短暫而尖銳的痛苦，但是不決定的空洞將會慢慢的侵蝕，讓你痛一輩子。

17 某部分的我想要這樣，但某部分的我又覺得那樣

你是否曾經覺得，「某部分的你」想要這個，但是「某部分的你」不想這樣、想做別的嘗試？或是你明明知道該如何做某件事，但就是不去做？例如健康飲食、運動、辭職發展個人事業，或是在財務上更加妥善規畫。彷彿有某種東西拉著你，不讓你賺大錢或是做出重要決定（或任何決定）。

我認為原因在於自然平衡。我們所感受的自然秩序，是因為兩極的平衡。每個人都經歷過兩極狀態：愛與恨、恐懼與自信、自戀與利他、秩序與混亂等等。

在任何時候你所做的任何決定，都有可能會經歷兩極狀態，有時甚至是同時存在的。每個決定都需要付出代價與承擔後果；好或壞，壞或好。你不可能只有上而

沒有下，或是只有失去而沒有得到，因此有時你會困在拖延的空洞之中，然後感到挫折、手忙腳亂，或者更糟——什麼都做不了。這種時候你能做的最簡單的事情就是什麼都不做，或是繼續保持你正在做的事，如此一來就什麼都不會改變了。而這種「我想要這樣，但我又覺得那樣」的拉扯會影響你的自信和自我價值。

你想要開新公司，但是有風險，而且會增加開銷；你在一段關係中不快樂，但是又不想一個人；你想要擁有一大筆錢，但是又不想被人認為太貪心或太商業化。這種「我想要這樣，但我又覺得那樣」的感覺很正常，在任何情況都會出現兩極的可能性。但這不代表你不果斷或是在拖延，甚至也不代表你做不到。這只意味著：你正經歷決策過程中的各種可能性，這是在所有決策過程中都存在的現象。

經常有人告訴我，說我幫助他們「知道該做什麼卻沒做」。他們經歷了情緒的兩極，把自己分成了不同的「部分」。

這種「我想要這樣，但我又覺得那樣」的想法，其問題在於會讓你的決策過程變得困難、冗長且思緒不清。它會破壞你的自我價值，因為你會覺得自己在浪費時間，覺得自己困在遺憾、悔恨或與他人比較的情緒裡。你把所有的思緒集中在自己沒做到的不足之處，卻沒看到應該做的正面原因。

我把這種「我想要這樣，但我又覺得那樣」的兩極感視為一種反饋。你看到了所有決定的極端可能，有機會去衡量利弊、去評估風險與收穫，然後做出判斷。如果把任何決定都用全好或全壞來區分，那就太天真了。

無論在多麼極端的情況下，都不可能出現全好或全壞的選擇。同時去看選項的兩（多）面性可能會出現兩極化的情形，但也能提供你更加平衡、整體的訊息內容，讓你以更有智慧的方式來評估每一個決定。如果你覺得自己正在拉扯，那是很正常的，因為你正經歷著矛盾的平衡。

讓自己有一點時間去感受拉扯；這不失為一件好事，代表這是一個重要的決定，而你正在評估方方面面的可能性。接著要做出決定，把你所有的經歷全部納入考量。如果你還被困住……別猶豫了，跳下去吧！頂多只是屁股痛而已。

開始行動的重點

在「我想要這樣，但我又覺得那樣」的狀態中感到自己被撕裂是很正常的。這種兩極化會帶來困惑，但也能讓你更清楚看到所有的可能性。當你覺得被撕裂時，先讓自己看到事情的方方面面，然後主動做出決定，要知道此時你所做的決定，會比只看到事情其中一面時更有智慧。

18 如果你不下定決心做決定呢？

你將無法達成什麼？
你無法去什麼地方？
你可能會後悔什麼？
你將無法愛誰？
你無法變成哪種人？
你將無法放下什麼？

如果你不趕緊做些決定，上述所有問題可能依然無解，你可能得帶著問題過一輩子。

接下來的章節將會進一步討論這些無解的問題與遺憾究竟為何，如此一來你就不用帶著問題與遺憾過日子。聰明一點的話，是要想想不做決定所帶來的痛苦後果，以此平衡有關這些決定的所有想法。

那麼我們先進入下一部，為各位提供一些簡單的方法，打消忙不過來的狀態並開始行動。

PART 3

改變忙不過來的狀態，開始行動

19 沒有不好的決定

當然，回想過去的決定，你肯定覺得自己做過明顯的重大錯誤選擇，是你絕對不會再犯的錯誤，算是一種後見之明吧——但這也不全然是壞事。

你未來之所以可以做出更好的決定，就是因為先前已有錯誤決定的經驗。正是過去的錯誤幫助你現在能做出更棒的決定。

一個明顯的錯誤決定能引導、帶出好的決定，然後會不斷向上發展。

就算你還沒辦法這樣看事情，而且真的很後悔做這種錯誤決定，但你一直緊抓著後悔不放也於事無補（除非能把後悔當成日後的動力），只會讓你活在過去，並且影響你的現在與未來。

你最好能放下、繼續前進。哪怕一開始你得努力說服自己，如果只把錯誤決定當成是個錯誤，那只會讓你原地踏步、裹足不前。

不管你怎麼看待過去的錯誤，它都是、也絕對應該被視為是你個人進步與明智之舉的好決定。

如果一直覺得自己做出了錯誤決定，你可能會深陷其中而無法自拔，跟錯誤一起活在過去。

但是**一個最糟糕的結果，並非僅因為某個重大的錯誤決定而導致，肯定是由一連串小決定的累積所引發**。這意味著你怎麼陷進去的，你也可以做出一些小決定來讓自己擺脫困境，其實這並不難。

人們不會因為單一重大失誤就背負巨債。他們都是做了一連串看似微不足道的定期消費，隨著時間推移，交易不斷累積和增加。

這就跟每天買咖啡、吃外食的道理是一樣的，一天看似只花幾塊錢，但是養成習慣之後，一年就是好幾千元的支出。

不搭捷運而搭計程車、一週喝幾次飲料、該認真工作的時候卻打開郵件或社交媒體，這些最終都會導致嚴重問題，只待時間慢慢吞噬你。

你根據當下所擁有的知識、經驗與資源做出了最好的決定。你不是有意要做出不好的選擇，所以，對自己仁慈一點吧！相信自己已經盡力做出最好的判斷。

如果你想要做更好的決定，那你需要更多的訊息與資源（並且從過去的錯誤經驗中學習）。

反正大多數的決定都不會是終點。你隨時可以決定跨出另一步、做更好的決定，甚至是改變心意回頭。

不要再把每個決定當成攸關生死。做出錯誤決定時，你可以迅速改正。改正錯誤的速度比你想像中還快。

你能從正確決定中學到的事情有限，因此正確決定也沒有你想的那麼好。換句話說，錯誤決定比你所想的還好，因為你可以從中學習、帶著經驗往前邁進。只要知道該如何平衡看待事情，就更容易做出正確決定。

開始行動的重點

沒有單一的重大錯誤決定，只有一連串的小失策。你所認為的錯誤決定都是寶貴的一課，能幫助你做出更好的決定。

就算曾經做過災難性的決定，一直抓住錯誤不放只會讓事情越變越糟。就算你一開始努力說服自己「這樣做也無妨」。把每個決定都看成是好的決定，那它就會變成好的決定了。

20 讓我忙不過來吧，我喜歡

「如果你想有所成就，就去問問某個忙碌的人吧。」——班傑明．富蘭克林。

雖然忙不過來難免會導致拖延和逃避現實，但是事情多一些，也能激勵偉大的人做出更偉大的事，包括你在內。

史蒂芬．賈伯斯就是以其「現實扭曲力場」（RDF）的主張而聞名。根據維基百科所述，這正是他可以說服自己與別人相信所有事情的原因……據說現實扭曲力場能扭曲聽眾對困難程度的認知，讓眾人相信一切皆有可能。

許多人都期待能減少忙不過來的時候，但諷刺的是，他們其實什麼都沒做——而這一切都是因為「選擇的弔詭」。

正因為沒有動力、沒有「待辦事項」或截止期限的壓力，才會做得不夠或一事無成。

本書是我的第十本書。當我專心投入寫書時，大概二到四週就能寫出東西來，但我有時卻需要花三到九個月的時間來完成二到四週就能做好的事情，而且通常是發生在我很閒、沒有火燒屁股的截止日期，或是沒有強烈需求或急迫性的時候。有時候我得強迫自己、騙自己採取行動，而且有時候必須要批評自己，知道如果不嚴肅以對，你就會擺爛並呈現失控狀態。

在這本書完成三分之一時，那大概是我寫這本書工作時期的第一階段。一切都進展得很順利，而且沒遇到困難，於是我鬆懈了。結果一不小心就鬆懈了三個月。與出版社討論後，決定了出書時間，這讓我不得不再次聚精會神，專心寫書。但是因為從完稿到出版還要經過好幾個月，我每天都有不同的事情做，我知道如果我「明天再開始」，時間還是足夠的。

最後，我告訴自己：「夠了。」接著我在臉書的粉絲專頁發佈了一則貼文：我打算徵求十個志願者，交通與住宿費用由我負責，他們只需要專心把書看完、給出批評意見，讓我能把書改得更好。我把這個挑戰日期設在兩週後，我知道自己得有所產出，而且我還有其他的事情要完成。

書籍上市前先經過一番嚴格審查，這一招對於完成寫作自然有所幫助，但更關鍵的是天塌下來都無法更改的嚴格期限。

萬一投入了大筆金錢還讓大家失望，對這種結果的恐懼，反倒成了讓我專心寫作的強烈動機，從一天最多寫一、兩章變成一天至少寫五章以上。

於此同時，我還要進行六場公開演講，還有兩門課要上。我一整年很少有這麼多事情集中在一起，但是當我只剩下兩週就得完成書稿時，所有事情突然全都擠在一起。

雖然事情有點多，但是我還是完成了所有演講與課程，每天至少寫五章新書，跟好友一起打高爾夫球，跟太太一起看電視。

如果你正在閱讀本書，表示我成功了。

但我可不是魔鬼終結者，我跟大家一樣也會想要拖延事情、逃避難事，想辦法讓自己輕鬆愉快。在後續的章節中，我還會提供更多類似技巧。

不要害怕忙不過來。讓自己和他人多做一點，相信自己和身邊的人都能完成，設定強制截止日期讓自己專心，然後全力投入。

當然，一口氣高速運轉肯定會讓人吃不消。如果要讓你的忙不過來保持在「多到剛剛好」而不是讓人想「罵髒話翻桌」的狀態，請避免下列情形發生：

- 不要接受太多人（或領導）的意見或看法。
- 不要對眼前所有機會來者不拒。
- 不要一次開太多app或網頁。
- 無論是在社交或普通場合，都別給自己太多選擇。
- 別認為自己有辦法搞定一切，這想法太不切實際。
- 不要認為要先做好萬全準備才能開始行動。
- 當你在工作狀態時，沒到休息時間不要中斷。

你可以藉由避開上述情形來擁抱忙不過來的弔詭樂趣，你所要擁抱的是刪掉待辦事項的快感和節奏，並且跟自己及下屬分享你的「現實扭曲力場」。當你這麼做時，你就會建立起決策肌肉，然後用同樣，甚至更少的力氣讓自己及時採取行動、完成越來越多的事情。

但是，休息跟保持忙碌一樣重要。無論是十五分鐘還是四個星期，請確保自己擁有休息時間。經過一段緊繃的工作狀態之後，你需要時間復原，讓自己保持產能、避免油燈枯竭。

開始行動的重點

史蒂芬．賈伯斯便是以著名的「現實扭曲力場」讓自己與身邊的人不只完成許多事情，而且做到了先前認為不可能的事。擁抱忙不過來的樂趣，讓自己與身邊的人多做一點事，而不要只做一點點。強制設下截止期限，賦予完成該事物的重要原因，讓自己達成具有挑戰性的目標。

21 選擇的迷思

貝瑞・史瓦茲（Barry Schwartz）教授在《只想買條牛仔褲：選擇的迷思》（*Paradox of Choices: Why More Is Less*）一書中說明了擁有過多選項往往會導致消費者在選擇時不知如何是好，而且即便做出選擇也會感到不滿意。他引用相關研究說明，當消費者面對太多選項時，最後很可能反而什麼都沒買。

研究人員在美食商店設立了兩個展位陳列果醬，讓消費者試吃，如果消費者當場購買，可獲得一元的現金折抵券。其中一個展位有六種果醬，另一個展位則有二十四種：面對選項較少的消費者，有百分之三十最終買了果醬，但擁有較多選項的消費者，最終只有百分之三的人消費。

該書引用的另一個例子是401K退休儲蓄計畫。當雇主提供符合資格的基金選擇越多時，實際做出選擇的員工越少，哪怕這意味著要放棄「免費」的錢。

隨著選項增加，人們的壓力也會越來越大、備感困惑，而且會有潛在的不滿意，到頭來就阻礙了應有的實際思維。

太多選擇會榨乾一個人的精神狀態，並且會在大腦中製造「噪音」，導致做出不理性的選擇。

當處在忙不過來的狀態時，例如有太多事情要做，或是有特別難的事情要處理，人們的反應不是打（抵抗）就是逃（視而不見），其中也包括了恐懼和焦慮的情緒在內。如果是被追殺的話，打或逃或許管用，但是對於寫書或打重要電話就不是如此了。

把這章寫在〈讓我忙不過來吧，我喜歡〉後面，我知道看起來既諷刺矛盾，但這正是我們都需要努力找到的平衡點：要嘛做某事的動力不足，要嘛忙不過來卻又一事無成。

在生活中的許多方面，在無論看似重要或平凡無奇的事情上，你都需要減少選項以提升決策力和行動力。

賈伯斯十年如一日都穿著相同款式的黑色高領衫、牛仔褲和運動鞋，不是只為了一致性，而是為了減少「決策疲勞」。

跟賈伯斯在類似位置上的人每天可能需要做出許多非常重要、重大的決定，因此穿什麼服裝應該是最不該讓他們困擾的事情。西蒙．高維爾（Simon Cowell）也是類似做法。

雖然這看起來是小事，但是考慮到我們每天需要做的決定之多，實在是不需要讓自己每次都在數百個選項中做決定。

在史丹佛大學強納森．雷瓦夫（Jonathan Levav）和本．古里安大學沙依．丹齊格（Shai Danziger）兩人的研究中提出，有三位受刑人已經服滿三分之二的刑期，而假釋委員會同意讓其中一人獲得假釋。他們的聽證會分別安排在上午八點五十分、下午三點十分和下午四點二十五分。假釋委員會的決策方式其實有跡可循。研究人員從一年一千一百多個案例結果分析發現，時間決定一切。

安排在上午的受刑人獲得假釋的機率是七成，而下午的受刑人獲得假釋的機率不到一成。安排在早上八點五十分的受刑人較具優勢，而且確實也獲得假釋機會。其他人其實只是在錯誤的時間出現，因為假釋委員會的委員在工作一天之後，都會面臨疲憊與決策疲勞。稍後我們會針對決策疲勞的時間點進一步討論。

我那美麗、可愛、聰明又了不起的太太和我，以前一個禮拜有好幾天都會選擇外食。很顯然，這種事情是在我們有小孩之前，當時的日子還可以稱得上是「生活」。每次我們都會花半個小時以上討論該去哪間餐廳。儘管在彼得堡像樣的餐廳也就五、六間，我們卻得糾結到天荒地老。而大多時候，我們最後都會選擇去吉姆的小酒館，那是我倆最喜歡的餐廳。

有時候當我晚上「不想工作」，躺在床上盼望著妻子能在我睡著之前鑽進被窩裡「抱抱」時，我會先在網飛（Netfix）上快速搜索接下來要看的紀錄片。有時我會花一個小時看一堆預告片，卻始終沒有真正觀看一部影片。即便我到最愛清單裡強迫自己做選擇，那裡面也有將近一萬四千部被我加入「最愛」的影片，然後我腦袋就炸了。接著我就睡著了。再接下來妻子上床時我也沒發現。

這種日子就一直重複循環！親愛的讀者，千萬別跟我一樣！

當然，這些都是第一世界的問題。千萬別以為我是在抱怨。這就是現代第一世界的問題，過度使用科技和社交媒體會偷走你的時間，讓你困在不果斷且一無所獲的空洞之中。**我們需要簡化生活中平凡無奇的領域，如此一來才能在更重要的事情上更自由的做出複雜決定。**

第一步就是要知道決策模式剖析，減少選項讓事情變簡單。所謂決策模式剖析可分為以下幾種：

①選擇A
②選擇B
③選擇A＋B
④兩者皆不選

降低複雜性，專注在以上四種可能的決策場景。**先花點時間把所有不重要的決策都外包或系統化，然後只需要用一點時間就能永久消除決策疲勞。**

我問過「顛覆性企業家」粉絲專頁成員在生活中減少決策疲勞的小技巧，你可以參考以下建議，盡可能在各方面減少忙不過來及浪費時間的可能性：

- 在車內衛星導航上設定常規路線。
- 只穿同類型的衣服（前一晚先準備好，或是讓太太幫你準備，這是我的生意夥伴馬克·霍默爾最得意的做法）。
- 一次把幾個月的日用品買齊。
- 將常用物品存在網路購買清單中。
- 把鑰匙、耳機和你常找不到的東西放在同一個位置。
- 以安全的密碼管理器存取私人資料。
- 提前準備好一週的飲食計畫（並且省下外賣的錢）。
- 性質相似的事情一起處理，避免因為任務跳躍而浪費時間（例如回郵件、打電話、收拾環境、差事、開會等等）。
- 清除視線範圍內的所有雜物，把所需物品與檔案擺在容易拿取之處。利用行事曆來規畫一天的時間，而不是讓時間來規畫你。

- 固定使用相同品牌產品（手機、電腦等），如此一來就不用重新學習新的系統或軟體。
- 在早上或是你最清醒的時候做重要決定及採取行動。
- 讓自己為少數、重要的「原因」而努力。
- 明智選擇戰場。
- 一次把整年的禮物買齊。
- 讓別人替你操心。
- 善加利用模板與檢查清單，提高複雜事項的一致性與效率度。
- 為運動、吃飯（尤其是要帶小孩）之類的事情安排「例行」時間。
- 找教練或導師讓你停止製造藉口。
- 進行旅行或購物決策時，先參考網路評價。
- 同步所有電子設備及郵件、資料夾、通訊軟體、發票、收據和檔案等資料。
- 預先記下重要日期與約會，並且善用行事曆中的「循環功能」。

開始行動的重點

選擇的迷思在於選擇太多會造成忙不過來和決策疲勞。簡化生活中的平凡事物，你就會有更多時間與精力留給重要決策。將上述中低價值又耗時間事情系統化或外包處理。

22 降低重要性，別把當下當成永遠

你所做的決定越大，「把決定做對」的壓力就越大，然後要做對就越難了。而且你永遠也做不到完美。看看英國足球隊就知道了。

蓋爾．約爾德（Geir Jordet）在《為何英國球員在點球大戰中會失敗？論團隊狀態、自我調整與壓力下窒息》研究報告中指出：「英國隊最大的問題在於周遭壓力。相較於其他國家，英國球員所要承受的壓力更多。英國文化就是以其高期待而聞名，英國媒體更是在每一場比賽前就將不切實際的期待加諸在國家足球隊身上。此外，英國球員不見得有最棒的球技，將如此高的期待加諸在球員身上更顯得不切實際」（運動科學期刊，2009）。

此外，本．利特爾頓（Ben Lyttleton）亦曾在其所著之《十二碼：完美點球的藝術和心理》一書中寫道：「英國隊在下一場比賽的點球很有可能會輸掉，因為他們前面兩次都輸了。」

想像一下身為英國足球員所要承受的壓力。來自全國及歷史的壓力全部都不偏不倚落在你的肩上。但弔詭的是，這只會讓事情越來越糟。為了讓自己處於一個較好的狀態來「先行動，再追求完美」，你得先做完全相反的事情。

正如運動及高爾夫球心理學家暨作家鮑伯．羅特利亞（Bob Rotella）所說：「把練習當作比賽，如此一來就能像練習般比賽。」

根據史丹福郡大學運動心理學講師馬丁．特納（Martin Turner）表示，你處理（真實或想像）壓力的能力就在於你的反應之道。

當你處在高壓狀態時，你能夠專心處理眼前任務的能力很重要。如果你忙著擔心自己的表現，你就會浪費掉必要的腦力。

諷刺的是，我們最常處理壓力的方式之一就是告訴自己「別搞砸」或「別失敗」。然而，告訴自己「別失敗」往往只會增加失敗的風險。有許多研究都指出，告訴自己不要做某件事情，實際上是增加自己做該事的可能性。很諷刺吧！

對壓力的初步反應是一種下意識的本能反應，是根據你對情況的初步迅速評估而表現。有些人的反應方式有助於提升表現，也就是視其為「挑戰」，而有些人則是進入「威脅」狀態。後者與前者有類似的反應，例如心跳加速，但於此同時，處於後者狀態的人血管會收縮，代表從心臟流出的血液基本上保持不變。如此一來，將葡萄糖及氧氣往大腦輸送（達到最佳績效的關鍵）的效率就會降低，專注力與決策力也會受到阻礙。

將「威脅」轉為「挑戰」（對於處理重要任務或困境不失為一個好方法，同時也是控制你下意識、本能神經反應的方式。

以下幾種方法有助於處理重要任務與決定：

別把一個決定當成永遠：

再過一百年，又或許只需要一週，你現在所面臨的難題可能都不再有意義。已經沒關係了。反正你隨時可以改變決定，因此沒有決定是永遠的，即便你覺得當下就代表永遠。你隨時都可以調整，沒有任何決定能代表終點。

降低重要性：

只是一場罰球，不是要決定生死。就事論事，不要牽拖。趕緊行動吧。把行動或決定當成小小的單一事件，這樣你不只能更專注，而且也能排除所有干擾。

決策情境化：

總統每天得根據情況決定人們的生死。有時候他們必須決定是讓這些人死，還是讓另一群人不能活。但你的決定跟這種事情八竿子打不著邊，記住這一點對你會有幫助的。

平衡期待：

你的期待越不切實際，這些期待就越難維持。當你的實際情況與你想要達成的目的差距越大，你就會越挫折。訂下大目標，然後順其自然，把重點擺在執行小目標，一步一步前進。一旦達成小目標，經常要給自己一點獎勵，因為這將帶你通往大目標。

嚴肅對待你的工作，但別這樣對自己：

嚴肅對待工作，但別這樣對自己與對生活。讓日子過的有趣愉快、適時放鬆。要享受當下，別把快樂寄託在未知的未來。

在過程中邊做邊想清楚，而不是未走先想：

你有無窮的資源、創意與活力，先立刻行動讓這些條件發揮出來，之後才想要怎麼變得更完美。沒有人一開始就有全部的答案。只要開始，永遠不嫌晚；但是等待下去，永遠都來不及。

開始行動的重點

如果你讓自己越相信決定一件事情的重要性（或永恆性，那更糟），你就會給自己帶來越多不必要的壓力。這就像英國隊點球的道理是一樣的，這會持續累積，並且會受到壓力與失敗所影響。隨著時間過去，所有決定的重要性都會下降，甚至變得不重要，因此請善用上述六種方法，降低決策的重要性和永恆性。

23 別弄假等成真，直接「創造實像」

有一句流行話說：「弄假會成真。」

我不是很喜歡這個論調。

我不認為你在任何事情上需要「弄假」。我知道這種想法的由來：在你成功之前，你得先這麼想；在你完成之前，你必須先在腦海裡構想出你擁有、贏得或完成某件事物。可是這叫「弄假」嗎？真是如此嗎？

我不認為有必要麼做。任何一個誠實的人對於弄假肯定會有所掙扎，因為你會覺得這是欺騙，不是真正的你。但是果你不在事前先想好自己要實現的目標，你將什麼也得不到。

看清楚我做了什麼嗎？**我認為要做真實的自己，但是也要想著變成更好的人、**

擁有更精湛的技巧、得到更完美的結果，這種理想的平衡狀態就是得從「弄假成真」的心態變成「做到成真」。

幾乎所有優秀的運動員、演員和成就卓越的人都是如此。他們若不是將目標視覺化（例如想像射中靶心、在結果發生之前想像獲勝畫面），就是多年來不知不覺中一直有此夢想。你渴望得到的結果產生了極大的吸引力。你的大腦擁有無限力量，能夠實現你所想的一切。所以，需要謹慎對待你的思考方向。

愛因斯坦曾說：「想像力比知識更重要。」要進入「做到看見」的思維模式，你需要控制自己的思維過程、將其視覺化，要想著你所想要的目標，而不是想著不可得。

你的心只會看到你所看見的東西。如果你只想著不想要的東西，你的心就會看到你不想要的，然後朝你不想要的方向前進。

不曉得你是否曾想過要一個不像前任那樣的伴侶，結果找到了一個跟你不想要的前任有天壤之別的人？不曉得你是否想過希望別這麼忙，結果覺得無聊、不受重視？不曉得你是否想過希望有更多事情做，結果變得徹底忙不過來？最後兩個是我的無限循環。

忙碌到無聊到忙碌到無聊到忙碌到無聊，因為當我太忙時，我希望所有事情都走開，而當我太無聊時，又希望一切都回來。我始終都能得到想要的，你覺得我會學到教訓，對嗎？

開始行動的重點

先清楚知道自己想要什麼。先將目標視覺化，然後表現得「彷彿」你已經達成了目標：採取行動並擁有它。要當作自己是真正朝目標移動，去你想去的地方，做你想成為的那個人，而不是假裝自己在進行。「做到看見」。採取行動而不要假裝。

24 大處思考，小處著手

在做任何決定時，如果要想降低重要性及不可逆性，就從最簡單的第一步開始。你是怎麼吃掉一頭大象的？一次一口慢慢吃吧？

你可以用各種方法激勵自己朝目標邁進，但就是別讓這個偉大目標把你吞噬。把目標擺在那裡，然後順其自然。從最簡單的第一步開始。大橡樹是由小橡果長成，而千里之行始於足下。你可能覺得這些都是老掉牙的話，但是知道卻不做就等於不知道。

讓心做出重大決定，但是讓大腦決定從小處著手。寫一本書可能很難，但是先寫第一段應該容易許多；一次要減掉十磅可能很難，但是用沙拉代替薯條應該很簡單。如果你好好活在當下，未來的事有未來會處理。你會一步一步邁進。許多人總說明天要開始節食，但是節食的明天永遠不會到來。有時人們會在星期天晚上把整個冰箱清空，期待明天就能開始節食。但是他們從來沒有開始。現在開始行動，稍後再追求完美吧！

如果你看過「世界力士大賽」的拉卡車比賽，即便是世界上最強壯的男子也需要花很長時間、使出吃奶的力量，才能讓大卡車慢慢移動。但他們還是會一直拉，看似費力且效果不彰，但他們還是繼續拉，一小步一小步地前進，一點一點地拉，一旦達到某個階段，卡車就會加速；一旦卡車上了軌道，就如燎原星火般，一發不可收拾。對於你「大處思考、小處著手」的任務也是一樣。要一步登天很難，但是可以一步一步前進。

開始行動的重點

當然，你可以往大處思考，但是要從小處著手。所以，你現在可以開始了。任務越大，要開始就越難。

把大事切割成容易處理的小事，一步步開始進行。在你意識到之前，你已經跑完一場馬拉松或吃下一頭大象了。

25 放手讓其成長

為了成長，你必須先放手。放下控制、放下完美主義、放下責任、放下你的包袱。在短暫的人生中，你的時間與精力都有限。如何規畫，將會決定你在這稍縱即逝的生命裡體驗多少快樂與成功。

接下來有幾種方式能讓你用更少的時間來完成事情。放手任其成長、放下擔憂，少一點控制，多一點快樂：

別為小事揮汗如雨：

很多事情其實不值得那麼擔心或注意。任何無法把你帶往目標的事情，或是沒那麼高價值的事情，請放手吧！如果你在旁枝末節上揮汗如雨，基本上就成不了大事。

知道何為可控，何為不可控：

你無法控制一切，也無法控制每一個人。你只能控制自己的決定與行動，然後激勵他人參與。但是在那之後，你還是要放下控制，否則你會把每個人越推越遠。在控制與信念之間存在著悖論。

沒錯，在某種程度上你可以控制目的或目標，例如你的員工，但是你無法精準掌控他們走的每一步。訂下目標，然後讓過程自然發展，讓大家（員工、孩子、同事）走自己的路。如此一來，他們會更加自主、承擔更多責任。

聰明地選擇戰場：

為自己而戰，把其他事情都放下吧。你有太多仗要打，這會耗盡你的精力。如果大家看到你對每個人都有意見，他們很快就會忽略你所釋放出的訊息。你真正的信念不多，你需要捍衛的是這些事情，並且激勵他人跟你有同樣的想法。把時間投資在這些事情上，把其他的放掉。持續前進。這裡沒有什麼好看的。這些不是你要找的東西。

什麼能帶來回報，什麼會榨乾你：

你以為有許多事情值得投入時間，但實際上只是在榨乾你、浪費你的時間或使你分心。你的時間與精力不是增加就是減少。要知道什麼決定或行為是值得你花時間，什麼是不值得的。仔細檢閱每個決定或任務所帶給你的價值、進步、成果、快樂與滿足。

關鍵結果領域（Key Result Areas）及創造收入工作（Income Generating Tasks）：

如果你讀過我的另外兩本書《駕馭金錢》與《生活槓桿》，你就知道何謂關鍵結果領域和創造收入工作（相關定義請見本書第三十一章）。你應該把時間投資在可行之處，而不是用來虛度或浪費。

信任你決定相信的人：

如果你要把個人信念與自信傳遞給他人，就得先給予對方尊重與自主權。沒錯，你要提供支持與引導，但也要讓對方知道你的信任，放手讓他們用自己的方式完成有意義的工作。這會帶出下一點……

別管得太細：

沒有人想要一直被別人告知自己該做什麼，然後不斷被打斷、被批評。沒錯，在培訓員工時，是要教他們，但更要讓他們試著做自己。教導最好的方式不是告訴他們該怎麼做，而是放手讓他們嘗試。如果你讓他們去執行一項任務，在過程中卻不斷干涉，這只會降低他人的積極性。在你的監督下，他們也可能會犯錯嗎？是的。你過去是如此嗎？是的。如果沒有他人的幫助和影響，你不可能會成長。你希望他們能有動力、受到激勵，而他們必須透過自己的成就才能獲得動力和激勵。你用信念和信任讓他們開始動手，然後就放手任其完成吧。

放下控制，才能控制：

最好的控制方法就是給聰明的人一些責任感，然後好好對待他們。你越需要某個東西，它就越能控制你。你要學會管理控制和管理信念。

讓別人相信你，讓其他人在你溫和的指引下發展，他們會茁壯成長，而你則贏得大局。

開始行動的重點

你必須放手讓其成長。你越想控制局面與眾人，就只會把他們越推越遠。緊繃會引起摩擦，摩擦會拖慢進度。

管理好控制與信念，設定好目標，然後信任你決定要相信的人，讓他們自由發展。你要做的是提供支持，而不是擋路。請明智地選擇戰場。

26 你的決策肌肉

你快速做出明智且周全決定的能力就像訓練肌肉一樣有成長空間。這是需要經過練習，不是一種既定的身分標籤。

沒有人所做的決定都是全好或全壞。我們都是擅長在自己有經驗的領域中做出好的決定，然後從過去的好壞決定中汲取經驗，並根據過去經歷對現狀產生本能反應和第六感。

你已經在有信心、有經驗的領域中證明自己可以做出明智決定。你生活中一切美好事物都是來自於你的明智決定。所以現在你知道自己做得到，就可以將這份自信帶入其他領域，把這份直覺轉化到你所拖延或感到忙不過來的領域。你可以藉由以下七種方式將你的決策肌肉訓練成像阿諾史瓦辛格的二頭肌一樣強壯：

讓決策過程像嬰兒學步慢慢來：

古代習武之人鍛鍊腿力的方法就是在地上挖洞跳進跳出，他們會一點一點加深地洞深度，慢到讓肌肉感受不到差別。然後他們會多穿一件衣服，一樣是很輕，輕到讓肌肉不會察覺。他們在毫不費力的情況下漸漸練出力量。同樣的方法也可用於訓練你的決策肌肉。朝大決定一小步一小步前進，然後你就能不費吹灰之力做出更大、更迅速的決定。

尋求指導與支持，先對你的決定進行壓力測試：

有時你沒辦法自己解決問題，因為你的思維與決策方式在一開始就先製造了問題。向外尋求支持和指導不代表示弱與缺點，而是力量的表現。

找到在你覺得深具挑戰領域當中經驗比你豐富的人，找到那些已經在該領域發展很久、可以瞬間做出決定的人。尋求他們的意見，然後放心去做，要相信自己所做的決定是對的。這往往才是做出偉大決定最快速、最簡單的辦法。

設定準備期限：

你永遠無法在開始前完美地具備所有知識，但是你可以先做到百分之七、八十。給自己一個必須百分之百做出決定的期限，然後盡可能地去準備。時間一到，決定就要出來。如此一來，這也將訓練你的決策肌肉在下一次能更快、更有力地做出反應，因為你會得到經驗、累積經驗。

事後檢討從決定中學到的事情：

事後花點時間回頭分析你的決定，檢討有效的部分以及還有哪些地方可以做得更好，將這份經驗累積起來。有太多人一直重複同樣錯誤，錯過了事情背後所隱藏的教訓。當你事後檢討決定時，你是處於另一種不同的情緒狀態，因此也能從不同角度回顧過去，或許能更清晰、更平衡的看待事情。

從眾人身上學習，多聽少說：

正如拿破崙·希爾所在《思考致富》書中曾說：「如果你想要養成快速決策的習慣，那就張大你的眼睛，打開你的耳朵——然後閉上嘴巴。

「那些話多的人做的事少。如果你說的比聽的還多，不只是讓自己少了許多累積有用知識的機會，你也揭露了自己的計畫與想法，讓人有機會打敗你，因為他們嫉妒你。

「你所做比所說更重要。你可以告訴全世界你打算做什麼，但是你得先用行動表現。」

把過去的錯誤視為過程：

因為這可能是你最大的成功。可口可樂一開始是要做成藥水，便利貼則是來自失敗的膠水，而盤尼西林的青黴素則是從未清洗的培養皿中意外發現，更別提幾乎所有的重金屬音樂都會搭配降調的吉他！把每次的決定都當成是一種測試，你會發現意外的全新結果。

持續決定（這永遠不會結束）：

你做了一個無論結果是好是壞的決定後，不代表一切都結束了。每個決定出現的當下都意味著需要下一個決定的到來，然後會一直持續下去。這讓你在謙虛與自大間保持平衡。

永遠不要認為你之所以成功是因為你做了正確的決定，也永遠不要以為你做了一個錯誤的決定就是世界末日。

隨著你越來越善於做出正確決定、修正錯誤選擇以及從所有決定中學習，你也會變成一個善於解決問題的人。這會鼓勵其他人跟進，變得更善於做決定及採取行動。而一個領導者最偉大的力量在於激勵他人、讓他人也變成領導者。最後你會發現，能解決問題的人才能統治世界。

開始行動的重點

做決定就像練肌肉一樣，可以透過訓練而變得強壯。

從所有決定中學習，無論決定是好是壞，而你會變得更善於做決定。

從生活中的其他方面來獲得信心，向有經驗之人尋求意見，並且不斷調整決定，學習擁抱錯誤；這些錯誤都可能會變成下一個便利貼或盤尼西林。

PART 4

做，還是不做？

27

何謂果斷？

決定？不決定？這是個問題。還是你做決定前需要再多一點時間思考？呃……千萬不要！

果斷是一種特質，意味著：

「有能力迅速、有效做出決定。」（Dictionary.com）

「對大局已定或已有結果的事情具有決定性的本質。」（Dictionary.com）

「高度仰賴過去經驗來影響（當下）決定的能力。」（earlbreon.com）

「點燃行動的火花。擁有面對問題的勇氣，知道如果不面對，問題永遠無法解決。」（維爾菲德．阿爾蘭．皮特森）

果斷似乎是所有成功的內在因素，也是先決條件，只是人們經常將此特質複雜化。所有人都具有果斷能力，因為需要做的決定只是「做」或「不做」，而有時候「等待」也是可接受的選項——決定等待或是決定不做也是一種決定。決策技巧的提升取決於如何有效地在以下四種組合中做出選擇：

①選擇A。
②選擇B。
③選擇A＋B。
④兩者皆不選。

保持簡單一點。

開始行動的重點

果斷是一種特質，讓你針對想要的結果迅速且有效地做出正確決定。這需要仰賴過去經驗的累積，也需要面對問題的勇氣，並且採取行動，才能邁向成功。

28 什麼不該做

如果你對應該做的事情裏足不前，那麼找出你不應該做的事情或許是一件不錯的預備行動。**不該做的事情可分為兩類：**

浪費時間／不重要的事情：

這些大家可能都明白，但是還是要列舉出來：花太多時間在社交媒體、冗長會議、論壇辯論、被酸民言論綁住、討拍、自拍和拍食物、閒扯、爭執、堅持要做對、允許他人打斷、上網、檢查郵件、低價值行政工作、整理環境、開冰箱（我未經醫生確診的強迫症特質）、看電視或看YouTube、管一堆小事……一般可避免以及主動拖延的事情都應該要避免。你既然知道不該做，那就該停止了。

勵志的公眾演說家和自我發展專家／作者布萊恩・崔西（Brian Tracy）將上述情況稱為「優後」（posteriorities），即優先的相反，就是在形容人們心裡清楚的低價值、耗費時間精力的事情。

大部分的人都會說拖延不好，但其實在低度創造收入工作上，拖延是一件好事；對於這類事情，選擇懶惰、沒動力、不感興趣或無動於衷最好——要嘛避免，要嘛外包。

做優後的事情，然後告訴自己很忙、很認真，這跟拖延沒兩樣，只不過這些是你採取主動、自願投入大把時間去做的事情罷了。

要注意這種分裂人格所製造的自我幻覺；他是騙子，他花了很多時間達到目的，但你依然一事無成。

帕金森定理指出：「在工作時限中，工作量會一直增加，直到所有可用時間都被填滿為止。」如果你沒把優先該做的事情做完，反而選擇先做優後之事，則所有事情都會變得一樣重要、以相同重量填滿你的時間與空間。然而，這個世界上沒有一模一樣的兩件事情。

有些需要較長的時間，有些則比其他事情更為重要。如果你讓不重要的事情優先於創造收入工作，這種事情就會填滿所有的時間，而你就沒有空間留給最重要、最高價值的任務。

可以由他人完成的任務：

如果你想要成長，就必須先學會放手。如果你想要大規模發展，事必躬親只會帶來失敗。無論是低價值行政工作或高價值創造收入工作，你都需要別人幫忙，減少待辦事項、提高完成事項清單。

所有的大師也都經歷過無頭蒼蠅的階段，因此每一個企業家、管理者或成功人士都需要有助理、員工、保母、外包商、教練和導師的協助。你可以選擇以下其中一種方式讓他人幫你完成任務：

- **你先做出初步或部分決定：**

你負責做出初步決定或採取首步行動。例如你編列部門預算之後，接下來就讓員工自由發揮，要相信他們會在你指引的方向下，做出最聰明的決定。

■ **讓他人做所有決定：**

跳過第一步。你只需要分派任務，然後讓他人做所有的決定。讓他們自己編預算、自己花預算。

為了要成功平衡你的「待辦事項」，你得重新思考、甚至重新定義何謂「待辦」。

開始行動的重點

知道「不該做什麼」，有助於讓你知道自己「應該做什麼」。

減少所有低價值及浪費時間的事情，適時將他人能做得較好的高價值任務轉由他人完成。減少待辦事項、提高完成事項清單。

29 忙碌、生產力與效率

忙碌是努力工作加上完成眾多事務；生產力是完成重要事項；效率則是在最短時間內完成最重要的事情。

知道上述三者的差別，並且認識自己，都將減少瞎忙並有助於提升你的效率。有時犯點必要的錯誤、多做點正確的選擇，完成重要事情，將會大大提升效率。

想知道如何變得有效率，那就得先知道自己在何事上表現忙碌卻成效不彰，甚至白忙一場（這最慘了）。

佩里．馬歇爾（Perry Marshall，美國企業家兼作家）教我寫下簡單的工作記錄，以時間區塊為單位（通常是三十分鐘），確切記下我一舉一動所用的時間。我在二〇〇七年做過這件事情後，大大地改變了我的生活，而我現在也強烈推薦各位做同樣的事情。

在接下來的兩週裡，記錄你的工作和狀態。用簡單的便簽或是老派的日記本都可以，重點是要把所做的每件事情記下，包括所做的事項及耗費時間，是工作、娛樂、休息還是特定任務？你感覺如何？（這在你的舒適圈範圍內嗎？對你而言是吃力還是享受？）你可以利用微軟Word的模板或表格，以簡單的代號系統每天做記錄，寫下簡短的描述，以1至10分來記錄感受，並且標明是工作（W）、休息（R）或是娛樂（P）等等。範例請見下表：

時間	項目*	描述	狀態*	類別*

*項目：W—工作／S—社交／R—休息

*狀態：L—昏昏欲睡／S—穩定／E—充滿活力／F—全力衝刺

*類別：KLA—關鍵生活領域／KRA—關鍵結果領域／IGT—創造收入工作／A—行政工作／W—浪費掉的時間

兩週應該足以看得出規律性，但又不會久到太繁瑣累人。

你會看到自己的時間都用在哪裡，也會驚訝地發現每日循環。你會有高潮低潮、起起落落。你會投入時間、花時間和浪費時間。你會看到百分之八十／二十的效率來自何處以及最干擾你的事情是什麼。

你會發現自己何時做事很趕、何時昏昏欲睡，以及這種狀態的持續時間。你會發現自己何時喜歡獨處、哪些時刻又喜歡社交、以及想要工作、想要玩樂以及受到激勵的時機。

這一切的答案全在眼前。光做這件事情可能就會讓你變得更有效率，因為你不想回頭重看時，發現全是浪費時間或是分心的紀錄。

接著，你可以重新調整時間、飲食、工作分配的方式，最大程度提高效率。你可以將類似事情統一處理，降低暖身階段並將進入狀態的時間最大化。你可以一天之內連續開會。你可以確保所有需要的東西都在電腦裡，在任何地方都可以工作，不必綁在辦公室。你可以確保所有登入資料要用就有、不必到處尋找。你可以利用在路上的時間把所有電話打完。還有許多類似的例子，我們稍後繼續討論。

開始行動的重點

在接下來的兩週裡，記錄下你的忙碌、生產力和效率狀態。知道這三者之間的差別，將有助於你用五分之一、甚至是十分之一的時間來得到五倍或十倍的結果。

30 「待轉」清單

對於以前的「待辦」清單，我們必須重新思考、重新命名。這個名字注定害你失敗，因為它給你出了許多餿主意——「待辦」清單上的許多事項，其實是你根本就不需要「辦」的事。

你是否曾列出「待辦」清單，然後看著它只想吐？光是看到那張紙就讓你頭大，更別提上面所列之事了。它看起來就像某種災難現場。接著你只想要挑幾件能「迅速完成」的事情做，就因為你想讓自己感覺好一點、可以劃掉清單上的幾件事（即便你迅速完成的事情毫無重要性可言）。

然後你想起稍早完成的事情、把它寫在清單上，如此一來你可以再劃掉一筆！啊，這感覺真好，又完成一件事情了！哈哈！

「待辦」清單會把你搞瘋的，處理時必須要非常仔細。

有些人是完美主義者，還有那種非常喜歡打勾代表完事的人，如果他們沒有劃掉清單上的所有事項，就有可能出現激烈反應，全面崩潰——全為了一張清單。他們一生所有的快樂都取決於那一張紙。在我們全面重新設計之前，以下是一些有效管理待辦清單的小技巧。

按照重要性／優先順序排列：

這無須解釋，誠實以對就好。如果不優先處理重要事情，最後你就得優先處理火燒屁股的事情。

前一晚先列出清單：

完美的結束一天。如此一來便能清空大腦中的瑣事，讓大腦關機休息，心滿意足地好好睡上一覺。這也意味著隔天你能迅速進入狀態。前一天晚上先完成待辦事項，也代表著在隔天事情席捲而來前，你有時間可以安排好優先順序。

沒有完成正在做的事情之前，絕不要開始做新的事情：

任務跳躍很吸引人，挑幾件很快就能完成的事情，除了能有所變化，也能避免面對困難任務。千萬別被騙了，不然最後你會發現自己七手八腳、一事無成。

如果你想增加清單事項，那你該先消除什麼：

跟自己討價還價一番。限制待辦清單事項的數量上限，並且制定「一進一出」的規則。

讓待辦清單保持有限數量（善用便利貼）：

當你越來越忙，就會越想增加待辦清單事項的數量。盡量把最大值控制在五到七項之間吧。如果你還想加入更多事情，就寫在別處、稍做保留。一旦你開始執行，就會出現奇奇怪怪的緊急事件要插隊。

隨著時間過去，你會在重要事情變成緊急事件之前就已先完成；在火燒起來之前，就先抽空助燃的氧氣。

我在《生活槓桿》書中曾提出一套簡易好用的「4D系統」：

①**委託（Delegate）**
②**刪除（Delete）**
③**延遲（Delay）**
④**執行（Do）**

當有任務落到你手上時，你應該要試著依序遵循4D系統；當你準備要「執行」（最後一個D）時，你應該已經排除掉許多事情、減少忙不過來的情況，留在桌上等待你的只有重要及高度創造收入工作的事情。

有時，如果我遇到又大又雜的事情，或是需要耗時費力的任務，我都會拖延開始動手的時間。隨著期限逼近，事情佔據我心裡的空間也越來越多，甚至讓我非常焦慮。

一旦壓力開始累積，我便會尋找更多有創意的解決方式，最後往往都是要開口尋求幫助，將事情完全委託他人去做。然後我才能大大鬆口氣，但接著會問自己：「為什麼我不一開始就這麼做？」因此，4D系統的順序就是要幫助你更有生產力、更有效率。大部分的人都是從錯誤的那一頭開始：第四個D，執行。

我以前曾經自己編輯自己的書、靠自己搜集所有資料、設計封面、寫自介及封底內容，糾結著標題與副標題該怎麼下，甚至嘗試排版。我之前到底有多蠢啊！

- 在這些事情上我能力有限。
- 這些事情帶給我焦慮和壓力。
- 這使我選擇拖延、感到忙不過來。
- 這讓我無法做我真正擅長的事情和我應該做的事情，即「構思寫作」。
- 我認識的人當中，有人比我更擅長做這些事。

太蠢了。

別像以前的我，要有自知之明。根據上述方式進行重新調整，將「待辦」清單變成我所說的「待轉」清單。

遵循以下「一託，二管，三執行」的公式：

① 先委託；

② 再管理；

③ 最後執行。

委託	管理	執行

你在忙碌時想到的第一件事情可能是「我該做什麼？」或是「有這麼多事要做，我該從何開始？」或是「我什麼時候才能做完？」或是「我怎樣才能辦到？」

現在，試試這個方法：下一次你開始執行任務或處理「待辦」清單時，不要直接動手，而是先看看有什麼事情是可以委託他人或外包的。

你想做的第一件事情還有誰可以做？第二件事情呢？第三件呢？就像完成這本書的過程需要有人搜集資料、編輯和排版的道理是一樣的。

一天要做的七件事情當中，如果你能將其中四件事情委託他人，自己做三件，那你就可以用不到一半的時間取得雙倍的成效，而且還能大大提升產出質量。天才！

然而當你把原本自己要做的事情委託他人，這些事情不會隔天就像變魔法般完美地出現在你桌上。

任何「委託」他人的事情在完成之前，過程中都需要適時提供引導、檢查與管理。唯有完成上述步驟，你才會覺得真正「做了」事情。

從「執行」到「委託」，你將用一點點的時間換來巨大好處。最後你可能委託了三件事情，然後有兩件「在掌控中」，最終只需親自完成兩件事情。

如果你忙到沒有時間，那你更有理由要這麼做。如果沒有人能做這件事，或是把事情做得跟你一樣好，那或許這更是你需要這麼做的理由。

開始行動的重點

利用4D系統：委託、刪除、延遲、執行。藉由先委託、再管理、最後執行（或不用做）的原則，將你的「待辦」清單事項減少三分之二。

把不擅長的事情全部外包出去，把會讓你分心或你做起來不順心的事情讓給喜歡做或更擅長做的人。

把「待辦」清單重新命名為「待轉」清單，以此改變你的習慣。

31 重點不是做「什麼」，而是「何時」該做

媒體上那些提倡五點起床的論調，坦白講，在我看來都沒用。在這個強調個人發展的社會中，如果你沒有五點起床，人家就會把你當成失敗者、毫無事業心可言。還有六點俱樂部、四點俱樂部。我以前都是在這些時候才上床睡覺，就別提在這時間點起床的可能性了！

我曾經讀過許多成功人士的商業書籍，例如我很欣賞的蜜雪兒・歐巴馬（Michelle Obama）和巨石強森（Dwayne 'The Rock' Johnson），他們都是早上四點起床，晚上只睡五個小時。我一度認為應該要跟他們作息一致才能成功。然後如果沒在四點起床或不小心睡了八個小時，我就會有罪惡感，覺得自己像個失敗者。

我厭煩了這種受到四面八方意見拉扯的感覺，於是我決定自己做試驗。我也鼓

勵我參加的團體成員做試驗，看看自己何時就寢、何時起床的效果最好，看看應該要睡多久，以及何時工作效率最高。

以下是我的發現：每個人都不一樣。這些結果或許不科學，但也沒必要以科學為依據。我試過晚睡晚起、早睡早起，甚至是晚睡早起。

我試過哪種咖啡對我最管用，會有什麼感覺以及何時適合喝咖啡。我試過特定的睡眠量，並且看看自己在哪個時間段特別有精神、哪個時段最昏沉。

我會跟他人分享發現，但關鍵還是得自己測試，找到自己最理想的狀態、睡眠／清醒及身體能量的規律性，或是晝夜節律。

非常活躍的人（無論是因為本質、工作或運動）所需要的睡眠時間比身心處於靜態的人較長。

我的最佳睡眠時間是晚上九點半到早上五點半，或是晚上九點四十五分到早上五點四十五分。偶爾只睡七個小時我還可以接受，但如果睡眠時間少於六個小時，隔天我就會有像喝了十五罐啤酒般的宿醉感。如果十一點之後才上床睡覺，隔天就會像喝了十五罐伏特加再加上打了一場終極格鬥冠軍賽的感覺。我知道有些人睡不多，但我不知道他們是否有相同感覺，也可能他們是選擇欠下睡眠債，然後感到精疲力竭。我從不賴床，因為我從不需要補眠，除非是要調時差。

我的最佳咖啡時間是早上六點和早上十一點半。

我試過各種咖啡，就屬這個能讓我清醒、像吸了一級毒品似的（不是我有吸過，我從電影上看來的）。

我在食物方面也做了類似試驗，但我就不拿細節來煩各位了。

酒精對我不管用，所以我放棄。但某些人小酌可以放鬆，如果你是屬於這類人，那也無妨；如果你知道喝兩杯可以，但是喝三杯隔天會宿醉，那麼——喝、兩、杯、就、好！

在這些時段中，你也會有能量的高低起伏。對我而言，早上六點到八點是活力最充沛的時段，所以我會安排高度關鍵結果領域和創造收入工作。各位手上的這本書有百分之八十都是在這個時段完成的，而剩下的百分之二十是在一天當中其餘的時間進行，但是用掉的時間可能與前者不相上下。

另一段活力較高的時間點則是在早上十一點到下午一點之間，所以一樣是安排高度關鍵結果領域和創造收入工作。

家庭時間、每晚在家吃晚餐的安排、跟兒子波比和女兒雅蓮娜打高爾夫球這類活動都是安排在第二高活力的時段以及特定時段（例如上學前或放學後吃晚餐）。電話與會議都是安排在這前後，然後在低效的時段（上午十點半到十一點半，下午三點過後）就不再安排工作、會議或是做重大決策。

運動則穿插在接送孩子之間，但絕對不會晚於下午五點半，因為我一直告訴自己，晚餐之後就不運動了。

如果我只在早上六點到八點這個區段工作，可以說我一天需要完成的工作量都在這時候完成了。我也是在這個時間段把所有需要委託他人的事情分配出去。

至於日常的行政事務、回復郵件、回應他人不算緊急的事情或是沒有高度創造收入工作的事情，我都會留到晚餐過後的休息時間。

我出門時通常有司機，所以我也可以利用時間。早上六點給自己一杯咖啡，然後在車上用兩倍速度播放廣播節目。

關鍵結果領域是你應該要專注完成目標的高價值領域，此處應有三到七個是你

投入最多時間的領域，讓你的團隊、個人角色與價值做出最大的差異化。

創造收入工作是對你或你的公司有高度價值的任務，跟你的關鍵結果領域密不可分。這些事情會創造高度結果、直接影響收入，讓你在最佳的時間中，帶來最大的利益與最小的損失。創造收入工作能讓你用更少的時間完成更多事情、得到更多收入。

你要關心的不是我的日常作息，而是找出自己的規律。我在指導過的許多人身上（這些人不外乎是時間管理出現問題、忙不或來和分不清輕重緩急），發現他們都沒有找出個人理想的作習規律。

要記住，「知而不為，等同於不知」。這個試驗花了我三個月的時間，對我後續人生產生了重大影響。如果你也能做到，這將有助你：

- 用更少時間完成更多事情。
- 完成最佳的關鍵結果領域和創造收入工作。
- 因完成重要任務而有動力、有成就感，之後能完成更多事情。

- 優先規畫重要的家庭時間、社交時間或興趣時間。
- 擁有理想的工作／生活平衡狀態。
- 保持健康、專注和愉快的心情。
- 按照自己的步調生活，不受他人習慣牽制。

我和太太會記下要約會、看電影的日子，我也會安排好和兒子打高爾夫球的時間，每天都在相同時間用餐；除了我還需要在每晚八點三十分到三十一分之間排入更多的性愛時間之外，這套作息規律對我而言非常完美！

一般來說，我不是個很有計畫的人，我喜歡自由和多樣性，但諷刺的是，正是這套規律帶給我更多的自由。

如果你應該要從本書中學到什麼，那就是測試並找出自己的日常作習：就寢時間、起床時間、該吃什麼喝什麼、何時該吃該喝，以及你該如何分配工作、休息和娛樂的時間。

這麼做會讓你變得格外有效率。如果說這樣做能讓你用五分之一的時間完成五倍的工作、提升十倍的效率，相信我，這一點都不誇張。

開始行動的重點

重點不是你要「做什麼」，而是「何時」該做。

測試你的理想日常作息時間，根據狀態好壞找出最佳的睡眠、飲食和時間分配的方法。

測試不同的習慣組合，找出一天的生產力、效率與平衡狀態，然後確定一套屬於自己的理想方式。

做全盤的計畫：根據這套作息規律工作、休息與娛樂，用自己的步調生活。

32 番茄工作法

這是一種時間管理方法，目的在於讓你發揮最大的專注力又不失新鮮感，讓你能加速完成工作、減少精神疲勞或分心。

這是以弗朗西斯科．西里（Francesco Cirillo）的研究為基礎，他發現自己雖然整晚都在學習，但是卻無法專心或有效工作。意識到自己很容易分心、無法有效運用學習時間之後，他從廚房抓來一顆番茄型的計時器（義大利文pomodoro意指「番茄」），設定十分鐘，然後在那十分鐘裡專心工作、不做任何其他事情。

這強迫他在犒賞自己休息之前必須要好好專心，哪怕加上了休息時間，他最後完成的事情還更多了。

番茄工作法有兩大要素：

①你是以短距離衝刺的方式工作，而這麼做能確保效率的持續性。

②固定休息能提高動力、保持創造力。

在面對大型任務或一系列的事情時，用短暫的休息時間來切割工作，把工作時間拆成一小段、一小段地進行（稱為「番茄時間」）。這會訓練你的大腦在短時間內保持高度專注並創造高度生產力。

我在許多地方都會利用這個小技巧，尤其是寫作時。工作二十五分鐘，休息五分鐘，以此模式循環三次，三次之後可以有較長的休息時間。

當我帶人參加一年一度的「寫書訓練營」時，每天會做四組的三次循環，如此一來就是十二次的二十五分鐘。大多數人一天可以完成六千至一萬五千字。這招很管用，可分為五個簡單步驟：

一、選擇一項要完成的任務。

二、將計時器設定為二十五分鐘。

三、在鈴響前專心工作。

四、暫時休息（五分鐘左右，不要試圖把休息時間拿來工作）。

五、經過三至四輪之後，休息久一點，例如十五至二十分鐘。

如果你在半途受到干擾，要嘛就停止計時、將工作存檔，稍後重新開始計時；不然就是把打擾你的事情延後，延到鈴響為止。如果你把自己隔離於干擾源之外，你就不會受到影響！

開始行動的重點

番茄工作法，簡單來說就是工作二十五分鐘、休息五分鐘的循環，讓你專心投入完成工作。在那二十五分鐘裡，不讓自己受到干擾，專心工作，哪怕中間加上休息時間，你的生產力也會變得更高。

在過去近十年的時間裡，這個方法幫助我一年至少完成一本書，相信也能對你有所幫助。

PART 5

你最容易騙到誰？你自己。

33 潛在的機智

你是最容易受騙的人。

你可能會擊垮自己、相信自己不夠好或是欺騙自己，在有關係的事情上說沒關係，或是徹底自我放逐。

你對自己說過最大的謊言之一，就是在開始行動前必須先準備好一切，並且覺得不知道自己是否能達成任務（所謂的「任務」，意指新事情、可怕的事情或麻煩的大事）。

這些都是謊言。我告訴你為什麼吧！

你和地球上的每一個人都有無限的機智與創造力。在物質世界裡，我們認為理所當然的所有東西，全都是由人類製造，都是從單一想法衍生而來。靈感的種子源於蒼穹，是人類運用靈感、慾望、創意與工作道德將其轉化為物質。

如果有一個人可以辦到，那人人在自己具有最高價值和感興趣的領域都可以辦到。當然，你不可能光靠想想就能挖地三尺，但如果別人能做到，你也一樣可以。

最弔詭之處，在於許多人都困在舒適已知與茫然未知之間的空洞中。

舒適的已知之事是安全的，但所有的機智與創造力都是潛在且受到壓抑的。未知則令人害怕，會讓人老是覺得自己還沒準備好、想退縮，但那正是你所有未開發的潛能所在。

必要時，你必須去做。你一直都擁有這些資源，別讓所有的創造力和解決問題的能力留在休眠狀態，你要舒適地去面對不舒服。

「現在開始行動，稍後再追求完美」，請釋放出所有的潛能資源，使其朝你而來、充滿你的內心。

擁有創造力更是比大家所想的還要容易。每個人都有創造力，不是只有附庸風雅的創意類型才叫創造力。平凡人、藝術家和有遠見之人都具有創造力。簡單來說，所謂創造力就是用已知平衡未知，是有形與無形的交織，是兩者之間的舞蹈。

以下提供來自前嬉皮、反資本主義、憤怒、反體制藝術家（也就是我）提升創造力的建議：

- 多聽、多看深具創造力人士（演說家、喜劇演員、藝術家、企業家等等）的言行並模仿其行為，並且多閱讀他們的著作、聽他們的有聲書和廣播節目。參與他們組織的工作坊並得到其指導（如果可能的話）。
- 讓自己遠離噪音、媒體，以此讓內心想法浮現。
- 尋求智慧人士的想法及建議。
- 少說多聽。
- 混合動力：結合不同的看法（大多數的新型音樂都是與現有音樂混合而成）。
- 學習創新。逆向操作。跟隨已知。
- 多練習。發射腦內啡，讓創意流動。
- 到令人驚豔的地方旅行、體驗不同的文化。

- 尋求、接受並參與持續性的反饋。
- 練習反向思考、跳脫慣性思維以及嘗試異於平日的思考方式。新事物都是以現有事物為舞臺。找到不同的感覺。你要如何從側面或用不同的方式思考？
- 你要如何用不同的方式看待相同的問題？
- 你的偶像或有創造力的成功人士會如何解決問題？
- 讓自己處在具有創造力的空間。

最後……寫、寫、寫。釋放你的思緒、想法和情感。有想法時立刻寫下。有靈感時要動筆。被困住時也要寫。生氣時也要寫。有罪惡感時也要寫。當你在腦中與他人爭執時要記錄下來。

錄下自己大聲說出的內容。這些都有助你清空大腦、騰出新地方以容納更多靈感。只要你寫下去，想法自然會出現。

開始行動的重點

你有無盡的創造力和機智。對多數人而言，這些能力都處於潛藏狀態，唯有在對的時候才會爆發。

讓自己踏出舒適圈、在不熟悉的領域中發揮創造力，所有的解決之道都會自然浮現眼前。

34 和自己玩場遊戲

既然你是最好騙的人，那你在騙自己的時候也可以耍點小把戲。你可以預測自己在未來情況中的感受和反應，因為這是會重複發生的特質或習慣。因此，你可以對自己耍點小把戲，避免受到分心、拖延與忙不過來的誘惑。

第一步就是要有**自覺**，誠實面對自己在做的事情。

有些事情可以是拖延之道，也可以是動力，完全取決於你如何利用（例如遛狗或喝咖啡）。

別欺騙自己，要知道差別在哪裡。要面對自己，不要為了任何沒意義的事情找藉口。承認自己在拖延，拒絕所有的藉口。

你沒有累到不能動。你不需要翻冰箱。你不用等到明天才做。你不用頻頻檢查社交媒體訊息。你不用整理任何東西。你不需要再來一杯咖啡。你不用遛狗。你不需要做頭髮。你不需要知道、計畫或研究任何事情。你不需要更多錢。你不用等到下一次的經濟蕭條、崩盤或金融危機過去。而且你肯定不需要萬全的準備才能行動。

上面這些藉口全都是鬼扯（而且是從我的某個臉書粉絲專頁搜集來的），但這些被當成「止痛藥」的藉口會不斷在你腦海裡盤旋不去，不停困擾第二個你。但你是否願意現在先忍耐一下，換取稍後更多的快樂？還是要現在先毫不費力地「放縱擺爛」，然後換來長期緩慢的折磨？

以下是一些「跟自己玩遊戲」的小技巧、小把戲，幫助你更積極做出決定：

切割日記時間區塊（搭配進一步的自我意識）：

先前已提過，你要事先規畫好安排，知道個人狀態的高低起伏、具有生產力和「在狀態」上的時間。在這個已被證實的方法中，切割好所有關鍵結果領域、創造收入工作、家庭、工作、休息和娛樂的時間。

知道該如何進入狀態（以其做為誘因）：

有助於你進入狀態的元素可能是咖啡，可能是音樂（我需要重金屬），也可能是運動、在大自然中散步或是YouTube的影片能讓你受到激勵、迅速衝刺。把對你管用的那一招拿來當誘因，並且反覆利用。一旦訓練好大腦，只要誘因出現的第一秒，你立刻就會進入狀態。

設定截止期限：

依賴的人要設定截止期限已經很難了，要用在自己身上更難。跟自己玩的小遊戲不只是要設定截止期限，而且要設定的比實際的截止期限還早。那麼即便你給自己設定的時間點到了卻還沒完成工作，你也已經做了不少，也還有時間完成剩下的部分。

接著你必須讓自己只接受第一個截止期限，忘掉你後面其實還有時間的事實。你可以用競爭、挑戰、獎勵和處罰的方式來平衡這種騙過自己的方法，畢竟這一招對管理和激勵他人非常有用。

如果要更進一步騙過自己，那就在時間到卻沒完成工作時祭出嚴重懲罰。舉例來說，我曾在社交媒體上貼文，表示願意支付書評家們所有交通與住宿費用，請他們過來閱讀我的新書並提供意見。結果我收到了一百二十份回覆。我把人數限定在十五人，日期也抓得很緊，截止期限過後一週我就得完成初稿並且重新看一遍。

如果沒做到，那我只能讓大家失望，幹出耍了大家的蠢事；又或是我付一大筆錢請人看一本沒寫完的書。

我在寫《駕馭金錢》時就用過這招，那本書是這本的兩倍長度，而我做到了。這個辦法讓我挺過了痛苦、內心雜音和藉口。這可能是要準時完成事情最棒的一招。你得讓自己痛！

競爭與挑戰：

打個賭，無論是賭錢還是賭運動。找某人挑戰。對許多人而言，不喜歡輸掉被打臉的感覺會比贏錢或其他動機更強烈。如果你是一個競爭精神強烈的人，那這就是捉弄自己的好辦法。我之前跟朋友訂定三十天或六十天的挑戰，結果練出了六塊肌。我所說的六塊肌，意思是肋骨部位變結實了！無論結果如何，我都是贏家！即便輸了挑戰，我還是贏了身材。

獎勵與懲罰：

你喜歡做什麼？討厭做什麼？挑出最最喜歡和最討厭的事情，然後設定目標，最後看是要接受獎勵還是接受處罰。獎賞可以是物質，也可以是體驗，而處罰可以是公開丟臉、捐款給你不喜歡的對象或是付錢給競爭者！夠痛了吧！

公開聲明：

讓越多人知道你的目標，若真的達成，你就越想繼續做下去。許多人不是因為害怕失敗而這樣做，而是因為這樣做可以減少失敗。

如果你不想在別人面前丟臉，這一招最管用！阿諾史瓦辛格最著名的莫過於讓大家知道，他變成了他想要的那種人——奧林匹亞先生、好萊塢演員。

他也因為覺得小腿肌線條不夠好，決定每天穿短褲，一心一意把自己練成世界冠軍的模樣。你可以讓自己再痛一點！

可信度：

先別考慮自己和那些藉口。先找個教練或導師、參加團體活動、找個可靠的夥伴、找到智囊團，或是設定目標，讓外人對你施加壓力、逼你採取行動，以此保持你的可信度。讓自己失望容易，但是想讓別人失望就沒那麼簡單了。想要再痛一點嗎？多付一點錢！

如果不確定自己能否勝任，那就找人幫忙

找出比你聰明、比你厲害、比你能更快完成事情的人，讓他們幫你。想讓自己免於痛苦，請記住先前提過「一託二管最後執行」的公式。跟我重複一遍：如果不確定，請找人幫忙。

持續自我測試：

測試上述八種跟自己玩遊戲的小技巧。可能有些管用，有些不管用，有些需要一點時間才能看到成效，而隨著時間過去，你會找到屬於自己的方法。每個人都有不同的激勵因素，可能會拉近距離，也可能會越推越遠。

先徹底認識自己，利用它們來對抗自己。你就是個自虐狂！持續保持行動，不要分心。

至此，我們可以進入下一章了。

但在接下去之前，請先記住這幾個方式。一旦事情變得棘手，或是在別的事情上如果列表和優先事項對你不管用的話，這幾招可以幫助你打敗內心混魔。如果本書其他的方法不管用，請記得回來重讀本章。跟自己玩一把、贏得賽局。

開始行動的重點

你是最好騙的人，所以先預測一下你會如何、在何時會擺爛。然後用這章提供的技巧跟自己玩個小遊戲，讓自己得到可信度、獎勵及失敗懲罰，並且讓自己在不受干擾的狀況下採取行動。

35 環境與獨處的重要性

你整理出一處適合好好工作的環境，計畫好一整天的時間，把事情都安排的井然有序，也選好要喝的飲料。

就在準備開始工作之際，突然間，**轟**！電子郵件如潮水般席捲而來，你家的狗用鼻子推開門，孩子哭著跑來跑去，社交媒體訊息與通知響個不停，全世界的人同時出現找你。

在瞎忙了五個小時、大半天過去之後，你一臉茫然，忘記本來應該要做什麼。

不能怪外界打斷你的工作。任何來自外界的訊息都是得到你的放行許可的。是你讓人們覺得可以隨時找你，是你自己開啟訊息通知功能，是你讓自己時刻都為客戶待命。

這不是他們的錯，是你把他們訓練得太好了！不過，有個好消息——你可以把他們訓練得更好。請依照以下簡單步驟，阻斷一切干擾：

一、關掉所有通知功能（尤其是聲音）。

二、遠離手機（別接電話；轉為答錄功能）。

三、隔離所有的干擾源（如果你夠有種的話，直接拔掉網路）。

四、創造一處適合深度工作的環境。

在家裡、辦公室或共享空間、咖啡館、森林中……打造一處空間，一處你最喜歡、覺得磁場最適合你的地方（有些人喜歡安靜，有些人喜歡有背景音樂，都可以）。

確保該處有自然光線及乾淨的空間。如果你喜歡音樂，就打開音樂，戴上大大的耳機，用「我在忙，閃開」的表情看人。或是保持安靜，如果這比較適合你的話。

現在，別擔心關掉這些設備或不接電話會失去客戶或過錯緊急事情。你只是重新訓練他們配合你的時間來電或開會，他們很快就會習慣的。

你可以設定自動答覆訊息，說明在何地、何時及如何聯繫你，意思就是告訴對方：「現在不是時候」。

如果有緊急要事必須聯繫到你，他們會透過各種管道打八百次電話、發一堆訊息給你。所以不用擔心，你早晚會知道的。

很多人都不知道該如何有禮貌反擊那些打斷他們工作的人，我以前在這方面也很弱。以下是我學到的一些小技巧：

- 向對方說：「好，沒問題，但我現在不方便。不如約某某時間如何？」
- 把事情轉給別人，例如助理或電話答錄機。
- 別讓別人知道你在哪裡，這樣他們就找不到你。
- 讓他們看到最友善的「去你的」表情。這是我媽說的。她說我有一臉「去你的」的完美表情。給出一個微妙的表情，然後再見！

開始行動的重點

設定一處適合深度工作、覺得受到激勵的環境。隔離所有的干擾源及設備。重新訓練外界配合你的時間。

36 解雇自己

無法完成事情或是無法委託他人幫你完成事情，最大瓶頸通常是你自己。將任務、工作或責任委託他人是一個好的開始，但你如果不徹底放手讓專業的來，很多事情會因為你的存在而難以完成。

這是一種不可擴展且不可持續的現象，但你可能會偷偷愛上這種感覺，你就是個扭曲的惡魔。我來幫你解釋一下為什麼：

- 你想要控制結果。
- 你希望事情完全按照你的方式進行。
- 你是個完美主義者，而且無人可以達到你（不可能）的標準。

- 你請過別人做事，但他們搞砸了。
- 如果想把事情做好，得靠自己。
- 你想要感受到自己的重要性及被需要的感覺。

停！這些都是謊言，你其實是……

你想要控制結果。放手任其成長。設定好目標，然後放手。他們會找到方法，讓他們用自己的方法做事。天知道，結果可能更好。

你希望事情完全按照你的方式進行。要嘛你自己做，要嘛放手讓別人做。讓他們在你的引導下，用自己的方式做事，然後他們因為擁有主導權而做出興趣，可能會做出更好的結果。

你是個完美主義者，而且無人可以達到你（不可能）的標準。這是無法實現的。我們只能盡最大努力，然後等待最佳結果。接著進行改善。如果你用自己的標準來評斷或衡量他人，你會一直處於失望之中。

你請過別人做事，但他們搞砸了。或許是你沒把他們訓練好？或許你沒有提供足以好好完成工作的資源、支持、信心和自主性？即便真是他人的錯誤（機率很低），為什麼不繼續找別人呢？找到另一個能把事情做得更好的人。

你覺得如果想把事情做好，得靠自己。別這麼想。你的責任，是讓他人跟你一樣在意任務。

你想要感受到自己的重要性及被需要的感覺。那我建議你養隻小狗吧。至少你會有時間陪牠玩！

我的友人奈維爾・萊特以七千萬英鎊出售了他深愛的公司Kiddicare。他聘請來幫忙推售的管理公司要他在這段期間出去度假，說他如果出現在公司大樓裡，潛在的買家會認為這間公司需要他才能運作，這將大大降低公司價值。因此，從現實層面來看，公司拉黑了他（如此一來他才能分到七千萬英鎊）。買家想要買下的是一間不需依靠任何人的公司，而大多數的企業都是仰賴創辦人打下的基礎與知識。

我在上一本書《駕馭金錢》整整編輯了五次。出版商要我想辦法從十六萬五千個字減到十二萬個字。在經過五輪仔細的編輯之後，我把原本的十六萬五千個字改成十六萬五千個字。砰！瞧瞧！五千個字進來，五千個字出去，每次的編輯都是一大挑戰。太天才了。

我就是問題所在。

我得炒自己魷魚。

我深信編輯不可能比我更知道該如何編輯這本書，畢竟這是我的心血。但事實上，他們編輯得比我還好！為什麼明明有出版社，你卻還要選擇自行編輯呢？而且好消息是，編好的成果，如果是讀者喜歡的部分，你也可以算上自己一筆；如果讀者不喜歡，你還可以怪出版社！哇哈哈。不曉得編輯會不會刪掉這一段？

開始行動的重點

快點解雇自己。你就是問題所在。

別擋路，放手讓其成長，相信別人能把事情做好，甚至做得更好。

如果你本身就是個擋路者，那麼事情永遠也無法妥善完成。

37 如果你想完成某事……

若有事情想完成，別自己動手，而是要……交給忙碌的人！

可以說湯瑪斯・愛迪生（Thomas Edison）是個大忙人，但是他還是擁有上千項專利。他做了上萬次的實驗才發明燈泡。山崎舜平（Shunpei Yamazaki）截至二○一七年時擁有四千九百八十七項專利，而且持續增加中。

對於「自己動手」這種老舊觀點，或是稍微新一點「自行消滅」的說法，是時候改變了。

你必須將以前「努力工作」的想法升級成「聰明工作」。你可以先從改變問題開始。

先停止問「如何」的問題：

- 我如何能辦到？
- 我如何才能開始？

把問題改成「誰」：

- 我可以找誰做？
- 誰有相關的豐富經驗？
- 對誰而言這比較簡單？
- 誰會喜歡做這件事？
- 誰做過這件事（我可以如法炮製、借鑒經驗、委託對方或跟其合作）？

你甚至可能想把這些寫下來、放在容易取得的地方，那麼你就可以停止過去的老問題，開始問一些比較好的問題。

你的生活品質取決於問題質量。

事實上，你知道愛迪生的上萬次實驗其實不全然都是自己動手的嗎？他成立了門洛帕克研究實驗室，聘請了一群聰明之士幫他做實驗。

因此，他其實是把上萬個實驗「委託」他人進行。若非如此，靠他一個人可能無法發明燈泡。

開始行動的重點

如果你想要完成某事，先找到更擅長、能更快速完成的人，甚至找個喜歡做這件事情的人。把你問「如何」的習慣（「我如何能辦到？」）改成問「誰」（「我可以找誰做？」）。你的問題質量將會大大影響生活品質。

38 胡蘿蔔加棍棒（軟硬兼施）

人類是有趣的生物。我們努力想離苦得樂，但大腦卻鮮少給予獎勵和懲罰機制來幫助我們生存下去。

其中一個問題在於，當今世界變化速度太快，而現今許多「胡蘿蔔加棍棒」的作法，在幾千年前或許是生存之道，但此刻都已過時且令人無所適從。

你的惡習正與美德進行對抗。

你的成癮正與願景對抗。

你的內心正與理智對抗。

你糾結著是該做自己應該做的事情，還是做別人說你應該做的事情。你為了更美好的明天而想拖延，來獲得一時滿足，但又與當下面對危機時的生存本能相抵觸

（如此一來才能拖到明天）。

你可以說這叫紀律，可以將其定義為：「就算你不喜歡，你還是要做你該做的事情。」

以下幾個小技巧有助於提升紀律、跟「胡蘿蔔加棍棒」的自然衝動對抗，以最佳效率達成最大生產力：

一路給自己獎勵，不要全等到最後：

小小獎勵自己，讓自己在深度工作之後短暫休息、拖延一下，拿一點禮物來餵食造成你分心的野獸（我稱它為「混魔」）。從小處開始，慢慢擴大規模。讓獎勵與成果成正比。

找出最快樂和最痛苦的動機：

找出你最喜愛和最怕的事物，用他們來設計自己。什麼事情讓你最有動機？你最害怕、最討厭什麼？你最想做、最想當、最想擁有什麼？把這些列出來，然後用來對付自己，以此遠離最深的恐懼、迎向最美好的時刻。

清楚知道目標：

你的目標越清楚，要一片一片拼湊而成就越容易。如果沒有設定目標，你就永無達成之日，而且會浪費大把時間原地踏步。

開始行動的重點

找出何事能讓你獲得快樂及遠離痛苦。你的惡習正與美德進行對抗。兩者的相互對抗會讓你更有紀律，就算你不喜歡這件事，也還是會乖乖完成。

39

害怕錯過（FOMO）

FOMO（Fear of Missing Out）是「害怕錯過」的意思。這種感覺可以讓你更強大，也可能會毀了你。

如果你屬於FOMO一族，那麼，你很有可能會做出不好的決定。

正因為什麼都做不了，你就會做不應該做的事。當你從遠處看，戴上玫瑰色的濾鏡，只會看到事物美好的一面，看到青草如茵，然後忍不住心想：這一切都是如此容易、迅速、美好與幸運。

我在此認真告訴各位：這不是事實，也絕不可能如此。每個選擇所帶來的正反效應、利益與成本、利與弊都是均等的。

FOMO會讓你：

- 試圖一人做所有事情。
- 從競爭角度做決定，而非基於遠見。
- 根據低自我價值或跟他人比較來做決定。
- 基於嫉妒、報復或自我來做決定。
- 做出未經研究或不合邏輯的決定。
- 做出人云亦云的決定。
- 創造不切實際的期待（認為這樣會更快、更好、更容易）。
- 陷入不熟悉的泥沼中。
- 做你不想做或可以輕易放棄的事情。
- 無法清楚看到自己的目標。
- 將某人偶像化。
- 太過興奮或太過悲觀。
- 缺乏耐心、短期專注力有限。

如果你讓FOMO掌控生活，你就會在不同事情上跳來跳去，無法在一件事情上堅持下去，更看不到橡子長成橡樹的那一天。

你越這麼做，自我價值就越快消失，因為你會開始質疑自己為何一事無成。當你情緒有此波動，從興奮到悲觀，最可悲的是你會越容易相信「快速致富」這種不切實際的承諾或期待。如此一來，你努力想擺脫的模式就會一直重複上演。

如果只是因為不想錯過某件事情而決定採取行動，這並不是正確的行動方針。每個行為所帶來的正反效應是均等的。也就是說，當你展開一件全新的事情時，意味著你正在做的事情其所用之時間、精力和結果也將隨之轉移。

凡事都要付出代價。與其害怕錯過未知，你也應該要同樣害怕錯過已知。也就是說，如果你像青蛙一樣跳來跳去，你會錯過原有的收穫、錯過本來是你可以較快取得的成果，因為你已經做了一段時間了。

你應該不會開始挖油礦，然後才挖了五分之一就放棄，接著又從另一處開始挖，挖了五分之一又放棄，再換地方挖，再放棄……若是如此，那大概是瘋了吧。

應該也不會今天剛埋下種子，然後明天就回來大喊：「我的樹長哪裡去了？」

五口油井各挖五分之一的深度，每口油井都只挖了五分之一。由此可知：你只有一路挖下去才能挖到油礦。唯有種子深根、發芽、結果，你才能看到大樹。綠草也因為有水分、有陽光才能更加翠綠。

克服FOMO怪獸的好辦法就是觀察情緒，然後等待。

沒錯，我知道這聽起來像是跟酒鬼說，你坐在那裡，先盯著飲料看幾個小時再說吧。但是，試試看吧。等著。乖乖等待，等到極端的情緒過去，然後以較為中立客觀的方式來評估決定。

無論何時，當你在做決定前，要先確定平衡過所需代價，而不是只看機會。要確定自己沒有強迫自己接受。如果錯過了，該是你的自然早晚會回來。有時候在錯的時間做對的事情也是一種錯誤。要學著說：「好的，但不是現在。」確保大門是開的，但只開一半。確保自己能直視內心，在開始下一步之前，先給自己足夠的時間等待開花結果。

看看自己不斷重複的FOMO模式與盲點。每次一有衝動時，就先注意觀察。越警醒，等待情緒消退，你就越能掌握這隻野獸。

開始行動的重點

FOMO是害怕錯過的強烈情緒，與低自我價值、缺乏清楚思維和缺乏耐心息息相關，這會破壞所有的進步與成功，因為你不可能五口油井都只挖了五分之一，然後在其中一口油井挖到油。如果你不澆水，草不可能發綠。

每一個決定所要付出的成本與可得利益都是均等的。當你感受到強烈的FOMO，先注意觀察，然後靜靜等待，等這股衝動過去。接著以平衡之道及相關經驗來審視決定。

PART 6

研究、測試、檢討、調整、重複、規模化

接下來要跟各位介紹我的決策六步驟，以此做出更快、更好、更重大的決定，而且失誤風險較低。所謂「我的」方法，其實是我測試後他人方法後優化的經驗，還有從導師及模範榜樣身上學到的事情，以及我改正犯錯的經驗，如此一來你也不必重蹈覆轍。

研究、測試、檢討、調整、重複、規模化。這簡單的六步驟有助於克服無所作為和拖延症，每一次的重複練習都將幫助你提升決策速度、減低犯錯機率。

一、研究

學習、準備、預先做好該做的事。

不要在沒有相關知識與經驗的前提下自行做出重大、需要付出巨大代價的決定。但你終究無法準備好一切來降低風險，因此，大概有百分之七十五左右的把握就可以算「準備好了」，接下來就是要停止過度分析並且「現在開始行動」。

二、測試

「測試」比「做」更好，因為這意味風險較低、持久性較短，而且會有不斷改善的心理準備。

先端出你的最簡可行產品，而不是完美產品。結果只有兩種可能：可行或改善。第一次就要做對機率不高，所以第一次先測試，然後迅速改善。

三、檢討

先分析第一輪的測試結果並取得反饋。你是不是有做好到足以繼續下去？有什麼是你一開始該做卻沒做的？有什麼是需要停止的無效行為？你需要保持什麼？

四、調整

先調整第一次、下一次或最近一次的行動以求改善。先做出微小、穩定而持續性的改善，而不是突然的劇變。這會較容易進步，比較不會讓你和他人忙不過來。

五、重複

檢視過程並從頭開始，用改善過後的技巧、經驗與信心重新測試一遍。哪怕每一次都像在嘗試，但不會讓你忙不過來，也不會有過度的自信。每一輪過後你都會一點一點擴大範圍、改善方法——這有助於規模與永續性。

六、規模化

經過一連串一到五的步驟循環之後，你已經準備好升級提升規模了。不要衝太快，但也別太慢。

每一輪都累積了經驗、安全性與方法，為擴大規模奠定基礎。

這個過程永遠沒有結束的一天，所以就算你掌握了技巧，也不可過於自信放鬆懈怠。重複上述過程以求持續改進提升。

別把自己和個人感受跟結果綁在一起。享受過程、順其自然以求更平衡的情緒及長期穩定的成功。你與這段過程永遠沒有做到最好的那一天，始終都有更多的事情要學習、要達成。我們可以努力追求完美，但是要安於優秀。不斷朝你的長期目標邁進吧。

第六部之一：研究（百分之七十五的「準備好」）

你永遠無法在開始之前百分之百準備好。你也永遠不可能讓鴨子排好隊；就算可以，還是有人會把其中一隻拉出來或把所有鴨子全部從牆上打下來。如果要持續前進，你就得一直往前。做好準備可以預防表現不佳，但也可能讓你困在計畫階段。

這個準備標準適用於所有的計畫者、拖延者和完美主義者，可以幫助你們克服「盡責到死」的病。

40 直覺VS.資訊

直覺與資訊的平衡就是研究與行動的雙人舞。一旦跨出，就需要仰賴更多資訊來建立直覺。

經驗越豐富，直覺就越能引導你，它能夠藉由過去的經驗，幫助你判斷當下各種作法的利弊。

有人說你的「心」或「膽」就是一種直覺，而你的「大腦」是資訊。無論你要從哪方面下手（理智和情感、物質和精神），平衡兩者並且知道何者對你有用或阻礙你才是明智之舉。

直覺是用於：

- 你知道的事情；有經驗的領域。

- 需要更多信任和謹慎的人際關係。
- 與他人有關的情況和有高度照顧需求的人。
- 道德困境和內在衝突。

資訊是用於：

- 資料和分析情況。
- 任何具有（現代）複雜領域或技術。
- 自動化。
- 貨幣、商業和經濟情況。
- 二元情景（選項A或B）。

所謂「順從你心」的直覺之旅，能幫助你以「傾聽」內心感受來做決定，請尊重並信任你的「直覺」。

畢竟，至此你已經有豐富的生活經驗，那就順著這股感覺前進吧！你也可以問自己以下問題，以助你相信自己的直覺：

- 感覺對嗎（就算無法解釋原因）？
- 我隔天是否能直視鏡子裡的自己？
- 我未來是否會因為這個決定而感到驕傲和快樂？
- 誰會因此受影響？

即便不用透過上述問題，我們也知道需要採取自發正確行動。直覺就是要讓你相信自己、要有勇氣做出正確（但不一定是簡單的）決定，並且耐心等待結果實現。如果你發現必須要說服自己去做某事，往往那就是錯誤的決定。

如果你在路上撿到錢包，你肯定知道要交給我。哈，開玩笑的。你當然不會把錢包佔為已有。如果你在路上看到走失兒童，你會不會停下腳步幫忙？

你經常會遇到各種情況和道德困境，而每一次的正確決定，都在為下一次的選擇鋪路。

（你所找到的）資訊是有關於資料、事實、二元測試、盡職調查及衡量過去經驗。一分鐘的計畫能省下五分鐘的執行時間（甚至可能少犯十分鐘的錯誤）。

做決定前，在蒐集資料時，要在一定時間內擴大蒐集範圍。

決策最常見的問題在於某些人只蒐集能迅速到手的資料、只看表面情況，更糟的甚至是以喜好或成見來做出想要的決定。

設定明確的目的，以搜集百分之七十五的資料為目標，然後研究需要好好準備的事情。接下來，你必須拉開引線：決定與行動。

研究可以包括向有大量豐富經驗的人請教。提摩西・費里斯（Tim Ferriss，《一週工作4小時》作者）就是最好的現代例子，他採訪過許多聰明人士，不僅以此改善個人生活，他也將資訊重新包裝整理，透過廣播與書籍幫助更多人。我在〈顛覆性企業家〉節目中也獲得許多採訪傑出人物的大量經驗。

從分析角度來看，許多準備調查因為「過於深入」導致耗費了所有的時間與精力，讓自己被困在拖延的陷阱之中。尋求有智慧的諮詢建議，但是別問太多人的意見。給自己一些選項，但只要在三、四種可能性之間考慮就好（不是一種，也不是一百零一種）。給自己一點時間，但是別太久。有大量研究顯示，只要仔細審視三個左右的選項之後，較佳的選擇通常會自然浮現。過多選項會讓你陷入選擇困境，多到讓你一個都選不出來。

訂下期限，然後就開始動手。

開始行動的重點

利用直覺和資訊做出明智決定。知道何時該用其中之一，或是兩者並用。

你知道何時該順從心意做出正確決定，但也要配合大腦的思考。設定搜集到百分之七十五的資料之後就開始行動。

給自己足夠的時間，但要有嚴格的截止期限，接著就是決定和行動。

41 降低風險

風險是一種微妙平衡。不必要的風險會導致不必要的錯誤，甚至可能全盤皆輸。但如果凡事都不冒險，事事就全是風險。風險和回報是一體兩面的事情，降低風險往往能提升安全感，但回報相對降低；而較高的風險會帶來較大的回報，但也可能瞬間崩盤。從策略性來看，你可以遵循以下原則逐步管理風險：

- 從較安全、可靠、低風險的模組或投資開始。
- 逐步累積風險經驗。
- 風險提高時，要減少機會。
- 知道自己的籌碼和可承受的損失金額。

- 邊學邊賺；風險增加，教訓也會變多。
- 盡量藏拙。

理查・布蘭森（Richard Branson）看起來是一位愛好冒險、髮量茂密、逍遙自在的冒險家，但他真正為人所知的是優先保護下行風險的行為模式，正是如此才使得他能更加恣意享受人生。他與波音公司接洽、商討購買波音飛機，前提是如果他的航空公司倒閉，波音公司得回購所有飛機。

波音公司當時希望能有航空公司與英國航空競爭，於是便同意了。這意味他所要面對最糟糕的情況就是，為初創公司降低風險及損失獲利，但不會因為巨額的飛機開銷而動彈不得，畢竟這也是最大的支出。

接下來就是要設定最好的情形：一間能創造上億收入的成功企業。

各位應該知道故事結局了吧？

風險是經過精心計算和研究的投資決策，已在很大程度上盡可能保護了下行風險。接著是初期投資的時間或金錢，根據結果逐漸增加或調整投資並進行改進。

隨著風險機會增加，你就會面臨在單一地方投注過多的風險（也會因為過度依賴而變得脆弱）。

於是你會在特定類別或模組中藉由分散風險機會來降低風險。你會把一路上學到的教訓和經驗做為墊腳石，幫助你未來做出更明智、更迅速的決定。

賭博就是一場基於極端情緒的盲目決策，你會抱著「輸不起」的時間和金錢，期待幸運贏得大獎。這種感覺會讓人高度上癮；越賭會越慘，因為賠率往往都是在莊家那一邊。

知道兩者差異。用妥善的研究與智慧保護缺點，降低成本與風險敞口，掌握解約條款和選擇權協議、保險、備案計畫和其他保護機制。

開始行動的重點

降低風險和保護缺點，就能全力以赴，一路向上發展。

42 問自己：「最糟會發生什麼事？」

人們往往過於放大擔憂、恐懼和「如果」，甚至沒來由的擔心。人類大腦是「被設計」成對恐懼的嚴肅處理更多於處理正面情緒，也因此經常太過擔心「可能會發生」的情形，而不是「真的會發生」的事情。

在現代西方世界中，就算我們出去外面世界冒險，也不至於遭到毀村滅族的後果。因此要聰明管理恐懼，因為許多你害怕的事情都是瞎操心。

我們已經提過具體的決策過程，無論你做了什麼決定，都還不至於為別人的生死負責。

只要心裡知道自己必須做出更大的決定，那麼以下練習將有助於進一步緩解決定的重量與責任，進而避免你選擇拖延和不知所措：

問你自己「最糟會發生什麼情況？」：

先安慰自己反正最糟也不會死，然後告訴自己這沒有真正的危險。接著將事情情境化，看看真正最糟的情況究竟為何。

勾勒出最糟的、可能的和最好的情況：

為懸而未決的決定設定以下三種場景，幫助你主動出擊（同時減輕疑慮）：

■最糟的情況

死亡和受到公開羞辱的機率應該很低。想想看吧，假設你考慮要辭職創業，最糟的情況可能是要重新找工作，收入可能會減少五分之一。

你可能得低調一點。至少你嘗試過回應內心聲音，現在只是更清楚自己應該做什麼。你也會得到更多的知識和經驗。與其後悔沒做，不如後悔自己有做，但其實你不太可能因為做了而後悔，因為哪怕未如所願，至少你得到了答案。

■可能的情況

你可能會犯些錯誤。所需時間可能會比你預期的久或出現困境。這很正常。如果你持續下去，時間一到事情就會有所好轉。你不是得到就是學到，保持下去就會持續成長。

■最好的情況

你會得到自由、選擇和獲利。你可以創造百萬收入並且大展身手。你可能會創造巨大成功、留下大筆遺澤。你還可能會找到從未想過的新視野。不嘗試你就永遠不會知道。

平行宇宙思維：

試想你在另一個平行宇宙中做出兩種選擇／所有事情的後果。在場景A、場景B等等的情況下很可能會發生什麼事？跟大腦玩玩場景測試的小遊戲。這簡單的小技巧能讓你看清楚自己所面對的選項，在執行過程中建立自我意識，並且讓你更擅於預測自己的想法、感受、反應和決定。

以下幾個問題能幫助你「先開始行動，再追求完美」：

- 我現在該做的最重要事情是什麼（不是緊急事件）？
- 哪件事情會阻礙我做其他事情？
- 我是否有需要做這件事？
- 我最需要優先處理的事情，沒有商量餘地的事是什麼？
- 如果要有更好的開始，我需要什麼資源？
- 根據過去經驗，通常會妨礙我採取行動的是什麼？
- 我應該停止做什麼？
- 某某人（替換成導師或老手的名字）會怎麼做？

開始行動的重點

先告訴自己，你最害怕的事情不太可能會發生，然後勾勒出最糟的、可能的和最好的情況。

想像發生結果的平行宇宙，如此一來你就能保護下行風險、減輕疑慮，進而堅定信念。利用上面提過的八個問題來幫助你看清下一步該採取什麼正確行動。

43 優點與缺點

打擊拖延和忙不過來最簡單而有效的方式之一，就是把腦袋裡所有的雜音都清空、寫在你面前的紙上或螢幕上。要真正看清內心想法並不容易，但是如果寫下來就會簡單許多。

當你在評估情況或想拖延時，把優點或好處寫在左邊，把缺點或壞處寫在右邊。把想法全部列出來。

決定自己會出現，你只需要看著它如何在你眼前變化。

無論是簡單的決定（用便利貼）或複雜的決定（找張紙）都可以用這個簡單而有力的方式進行。進行以下決策時也同樣適用：

- 夥伴關係和合資企業。
- 角色和責任的分配及區分。
- 用於招聘和創造角色及工作描述。
- 條款及合同的標題。
- 你長期推遲的重大決定或領域。
- 該把孩子送去哪間學校。
- 要買什麼樣的房子、跟誰做鄰居。
- 權衡職業選擇。
- 頭腦風暴與構想。

開始行動的重點

別低估簡單列出「優點與缺點」、「好處與壞處」的力量。別再想了，開始寫吧！答案會自動出現在你眼前。如果有疑問，請解決。

44 決定的機會成本

沒有哪個決定或行動，是全好或全壞。

接受這一點很重要，因為人類的本質在面對極端情況時都會蒙上一層陰影。當某件事情看似非常糟糕或非常棒時，都會很難保持平衡狀態，因為在那當下，我們只會感受到淩駕一切的單一情緒。

鮮少有人會同時感受正面與負面的情緒。唯有當你能保持平衡、用全面性的角度來看事情，智慧與永續性才有可能存在。

這意味著，在順境時，你要知道潛在風險；在逆境時，則要知道雨過天晴終將到來。

我一向都是看正面居多，因此有時會顯得過於天真或不切實際，而我太太往往都是看問題，這使得她……是對的。

當你在做決定時，重要的不僅是認識決定本身，更要知道「機會成本」、知道此一決定將帶你前往何處。做決定時，你要考慮：

- 你現在無法做什麼？
- 你必須犧牲、放下或放棄什麼？
- 這個決定將會付出或得到多少時間、金錢、精力、報酬？

用現金買車的機會成本在於現金可以拿來投資，所以也可以考慮租車。做一份你不喜歡的工作十年所要付出的機會成本在於時間、自由以及以為自己工作可能獲得的無上限收入。

在越複雜、越精密的決定中，機會成本可能會越不明顯。以下幾種方式能幫助你計算機會成本：

- 投入在這件事情上的時間勢必會剝奪在另一件事情上的時間。
- 這個決定將會消耗你多少時間與能量。
- 一次做太多事情可能會全部完蛋。
- 這個決定會降低你的時間價值嗎（甚至值得你投入時間嗎？）。
- 將錢花費／投資在別的地方或許會有不同（甚至更好）的回報。

所以這一切都與時間、精力、創造力、機智、動力和熱情有關。

加班或許能賺更多錢，但可能是得付出親子關係作為代價。小酌幾杯或許有趣，但機會成本可能是三天的宿醉。在社交媒體上「打鍵盤仗」看起來可能很好玩，但這可能得花掉你一整個週末的時間！

要同時衡量機會與成本，才是真正的自我意識。

開始行動的重點

你的決定與行動都要付出機會成本，這會阻礙你將時間、金錢和精力投入到另外更有生產力的事情上。

你要考慮的不只是要做什麼，還要考慮做此事的成本。凡事都有成本，而智慧來自於在逆境時看到希望，在順境時思考低谷。

第六部之二：測試

我們都知道該做什麼，但是知道而不做就等於不知道。做了就會有所獲得，等待只會停滯不前。

如果你別把決定當成終點，而是將其視為一系列的測試，在進行過程中可以檢討與調整，那麼你就能一直做下去。

一個重大決定是由一連串的小決定所構成，因此你必須從小處開始，才能一步步走向廣大的結果。

而這一路上你可能會需要改變決定，包括對沒預料到的事情做改進。測試包含了改進和重複。

把決定當成終點會增加壓力，而實際上也沒有哪個決定就是終點。弔詭的是，你越把決定當成是「終點」，要改變就越困難。因此，別再把任何決定當成終點，這樣你會少點壓力，放輕鬆才能做出更好的決定。

如果有疑慮，先測試。如果無法選擇，先測試。就算你很肯定，還是要測試；這樣你對更好的結果才能保持開放的心態。

隨著「最後決定」的累積，失敗的可能性也會越來越低，因為這是一段隨著測試而不斷進步的過程。想找個度假之處就先從短暫停留開始。要考驗新的約會對象就讓他在外面的車子裡多等一會兒。去嘗試新餐廳或菜單上不同的菜。去試試，我看你敢不敢！

如果沒有持續嘗試、接受反饋，可口可樂就無法從藥物變成飲料，藍寶堅尼也不會從拖拉機進軍汽車產業。事實上，任天堂一開始是從製作花札紙牌起家，還嘗試過銷售真空吸塵器、速食米飯和組建計程車公司，甚至經營過連鎖汽車旅館。這些改變都可視為是大膽測試的結果，有助於上述公司在當今的世界領導企業中佔有一席之地。

45 現在開始行動，稍後再追求完美

動起來，真正採取行動吧。

你現在已經學會許多做出快速而明智決定的策略和技巧，那還需要什麼？你已經知道完美是不可能達成的事情，如果什麼都不做，就什麼也辦不到。別讓追求完美阻礙了你的傑出表現，也別讓你的進展速度如嬰兒學步。

你的決定和行動很難在第一次就做到最好。可能以後回頭來看時，你會覺得跟現在相比，過去的做法很糟糕。既然你只能之後才變得更好或更完美，那麼何不先做出第一步決定，然後盡快往下一步更完美的階段邁進？

反正也不會有人記得你一開始的決定。

有做總比沒做好。

開始永遠不嫌晚，但是等待永遠來不及。

少說多做。或套句中文著名諺語：「別光說不練」。

- 你可以改變的：改變它。
- 你不能改變的：放下它。
- 你做出改變的：保留它。

沒有什麼決定會是永恆，任何決定都可以改變或改善。把每個決定都當成是一次測試，這能降低風險並培養持續改善的心態。先做出最簡可行產品，盡快提出「夠好」的決定，不用要求完美。結果只有兩種：奏效或學到如何改進。接著是一遍遍重複。重大的決定是由許多改善過後的小決定所構成。

耐吉（Nike）的口號是「做就對了！」，不是「哼，去他的！」。

我一開始接觸房地產時只有一間房子，而且沒錢再買了。當時我在房地產買賣上也沒有任何經驗，仲介大概覺得我就是個可以隨意擺布的小丑。但是我從一棟資產變兩棟，然後慢慢增加。我一直都在往完美邁進。

我的第一本書可能很普通，但已經是當時最好的狀態了，至少我的書已完成，而不是停留在完美的構想。我第一本很普通的書（在我看來是如此，不過我媽跟有些人都很喜歡）現在已經出第四版了，而且是英國的暢銷書之一。如果不是因為第一版的不完美，現在就不會有（大大）改進的第四版。

你應該看看我的第一個網站。不過其實我很慶幸你沒看過！那就是一個不成熟的東西，看起來很生硬，但不管怎樣都比什麼都沒有、沒有曝光度好。

如果你聽過我的第一次公開演講，你大概也會替我感到很難為情。我站在投影機前念著皺巴巴的筆記，然後觀眾得透過我的胯部才看得到投影片內容。但這不是我的終點。之後在超過一千兩百多場演講及五位數演講酬勞的經驗累積下，我現在演講效果越來越好了。

警告：別輕易把垃圾丟給世界，也別用懶散或麻木的態度面對決定。有些專業領域（如醫療、安全）確實需要完美的過程，否則可能會有人因此送命。

別在動手術或開飛機時期待「稍後再追求完美」！在可能導致嚴重後果或致人

於死的情況下，絕對不能輕易「稍後再追求完美」，第一次就要做好。

開始行動的重點

快點開始，真正採取行動。「現在開始行動，稍後再追求完美」。沒有什麼決定就是終點，把每次的決定當成是可以迅速改變的測試過程，讓自己朝目標一步步穩定前進。

46 要有經驗，但不用太多

有經驗明顯有好處：智慧、本能和自信，但也有許多人無法理解的缺點。換句話說，很多人在沒有足夠的信心和經驗之前都不願意採取行動。當然，這種說法也有其弔詭之處，畢竟擁有自信和經驗才敢開始行動是來不及的。

有時經驗也會帶來：

- 根深蒂固、難以改變的態度。
- 逐漸消失的態度和熱情、倦怠感或精疲力竭（這更糟）。
- 懷疑他人的真誠及缺乏信任。
- 缺乏能量。

- ■因為一成不變而缺乏創造力和機智性。
- ■無趣而陷入困境。
- ■過度自信、自大或傲慢。
- ■缺乏努力和在意，或將一切視為理所當然。

剛開始做出全新的重大決定時，你不會出現上述任何一項，甚至多項的感覺。你還沒看到結果，無法擁有這些奢侈選項，也不會感到倦怠。專注於你的內在潛能資產，讓這種悖論資產發揮作用，這有助於平衡經驗。

我敢說你之前沒有性經驗的時候，你還是會放手嘗試、利用其他方式體驗，而不是仰賴經驗本身！

你經常會聽到那些有倦怠經驗的人說：「如果我早知道現在會發生這些事，我絕對不會選擇這麼做。」

那幸好你事先沒有這些經驗。

要做出重大、未經證實的決定之前需要一定的天真性。永遠不要失去這份天真。永遠不要失去你的正向、信念、創造力和潛能。這些能讓你保持年輕、謙虛和開放的心胸。用你在這條路上得到的經驗來平衡你所擁有的資源，並且懂得充分利用他人經驗，你將是這條路上的最大贏家。

開始行動的重點

想盡辦法利用經驗，但別過頭。

你有初生之犢不畏虎的創造力和潛能。

小心別太過僵硬導致失去激情和熱情。平衡你的經驗，接受他人比你好的事實，並且保持正面開放的心態。

47 三心兩意

許多人認為改變心意是一種缺點。某種程度上，他們覺得這代表一開始的決定不夠好，於是就在壞的決定上堅持下去，莫名讓事情越變越糟、讓自己越來越固執。因此，這種不改變的作法只會讓壞的決定越變越糟，甚至阻礙讓事情變好的可能性。

改變心意（只要別五秒鐘變一次）是一種優勢，不是缺點。你會知道自己不用困在過去，可以把自我跟決定結果分離。你知道你可以改變。唯一不斷發生的就是改變，因此改變心意的技巧或是逐步改善決定都是達成目標的先決條件。

「改進就是要改變；完美就是要時常改變。」——溫斯頓・邱吉爾（Winston

Churchill）。

「我錯了」是我絕對不會說出口的三個字。我就像是機器戰警，而我的程式裡就是沒有這三個字。

我會選擇用多年的時間來捍衛先前的明顯錯誤，只為了保護脆弱的自我。但事實上就算錯了也沒關係，而且承認「我錯了」會讓他人感受到自己的重要性、與你建立和睦關係。

「我錯了。你是對的。謝謝你。很抱歉。」

如果你想要一段持久而愉快的婚姻，請多多利用這四種神奇表達。

「我錯了。你是對的。謝謝你。很抱歉。」如果你想要擁有快樂的員工、顧客、支持者和粉絲，請多多利用這四種神奇表達。一次說一個，或是如果你捅了一個明顯的大坑，那就四個一次全說。

「我錯了。你是對的。謝謝你。很抱歉。」

百視達執著在影片出租這一塊太久了。在兩千年初期，他們本來數次有機會以五千萬美元收購網飛，但當時他們嗤之以鼻，進而逐步走向結束經營。在二〇一七年，網飛市值已達七百億美元。

開始行動的重點

只要不是頻頻毫無理由地改變心意，那麼在對的時候做出改變是一種優勢，不是缺點。

如果有必要，說出「我錯了」也能給予他人力量，別把改變心意和（你想保護的）自我捆綁在一起。

「我錯了。你是對的。謝謝你。很抱歉。」

48 比例決策法則

所謂比例決策法則即「**投入決策的時間應與其結果成正比**」。會導致重大結果的重大決定需要投入，而且也應該給予它更多的時間；影響層面較小的小決定所需投入或給與的時間也較少。

你已經在日常生活習慣中自動這麼做了，例如刷牙。這表示你可以將此法則應用到生活中投入過多時間的小事之中，然後你可以節省和保留精力，處理更重要的任務與決定。

沒有兩件事情會擁有同等價值，但人們往往會重複習慣，在多數時候做出過快或過慢的決定；這種做法就違反了比例決策法則，對你不會有利。

在決定之初，先問問自己這件事情有多重要，你甚至可以用一到五來打分，迅速檢查需要為此決定投入多少時間、計畫、研究和諮詢。如果是一分，你就迅速做決定，甚至可以迅速選擇讓別人做決定，這能讓你有更多時間投入在四分或五分的事情上，而投入在這些事情上的計畫和研究時間也將有所回報。

別忘了你在前幾章所學過關於決策疲勞、直覺VS.資訊、降低風險、優點與缺點、比例決策法則等技巧。

開始行動的重點

比例決策法則認為，你投入在決策上的時間應與其規模和重要性成正比。利用一到五分來評估決定的重要性，幫助你知道何時該做出快速（或暫緩）決定，因為這個世界上沒有哪兩件事情能擁有相同的時間價值。

49 大量外包吧！

如果心有疑慮，就拜託別人吧。

在所有能看到結果及成功的案例中，你所經歷的過程甚至是得到的結果，幾乎都會跟你最初計畫、想像或相信的有所不同。

你無法事先解決這些問題，因為你事先並不知道會發生什麼事情。

但是想一想，如果你能事先找出問題和解決方式的話，這會讓你更快、更容易、更好地邁向成功嗎？想像一下，如果你能把決策「外包」給別人、降低犯錯的風險呢？

在多數情況下，你可以的，也就是所謂的「眾包」。雖然大家都把此一方式當成生意手段，但是這也可以用在你的生活中，跟你息息相關。根據Dictionary.com

的定義表示，眾包「通常是透過網路藉由大量群眾的力量獲取資訊或投入特定任務，付費或無償皆有」。

如果你不想看一部爛片，可以在網路社交媒體上詢問朋友意見或是先閱讀相關評論。

挑選餐廳或度假地點也是一樣的道理。你只需要搜集大家的經驗，便可降低做決定所需的時間和力氣，也可以減少做出錯誤決定的風險。

要解決問題、取得進展與賺到更多錢最困難的方法就是全部自己想、自己做，這會耗費大量精力，風險也很高，而且會有阻力，甚至要想你從未想過的事。其實有一種非常簡單的方式：如果你的朋友、導師或顧客跟你有類似經歷或做過你想做的事，問問他們的意見吧。他們都經歷過類似問題或是已經有解決之道。

在生意上，一旦你提出問題並得到想法，你可以透過評論者或使用者來測試想法，藉由測試意見來獲利。微軟每個版本的Windows系統都是這麼幹的。因為你已經提前測試過想法與需求，知道想法奏效，便能更有自信去執行。

眾包最神奇的地方在於其可以是營銷或預售的一部分。如果你在產品或服務的發展階段讓使用者參與，那麼在產品上市之前，消費者就會有心理準備。就如iPhone上市之前流出的產品圖會在你腦海中盤旋不去的感覺一樣。特斯拉電動跑車Roadster正式上市的三年前也是這麼做的。消費者得到消息後就已經在心裡先買下、先用另一種形式擁有了。

知道自己想要什麼，要購買就比較不費力，風險也較低。

你也會告訴別人一起買，這一切發生時東西可能都還沒準備好呢。我所有的書在上市之前也會這麼做。首先，我會先找出三到五種主題，搜集好資料之後就進行測試，然後根據多數結果做決定。接著我會把蒐集到的想法運用在書名、標題、封面設計和我需要進一步研究的章節上。

除了能讓我的書得到更全面的試讀，讀者們也會在書籍上市前就知道有這本書的存在。這本書已經不僅是你想閱讀的書，你會覺得自己是創造這本書的一份子，抱著期待等待發行。

你也可以透過比賽的方式刺激他人進一步幫助你，也可以發獎品、抽獎、做焦點團體、提供測試產品或是單純請人幫忙。

如果你覺得自己真的創意不足或是想要模仿有效方法（而且想要降低風險），那麼眾包就是最好的方式。在現實中沒有所謂的「快速致富」，但想在最短時間內致富最現實的方式就是眾包。

開始行動的重點

如果有疑慮，就拜託別人吧。

把問題和解決辦法眾包給你的客戶、支持者、粉絲和社團成員。問他們想要什麼，順從大眾意見，為大家創造他們想要的東西，不斷改進並且重複此過程。

第六部之三：檢討、調整、重複、規模化

一旦你將產品、服務或想法進行測試或眾包，許多人都會認為這件事情算是完成了。事實上，這才剛開始。第一版永遠不會比第二版好（也不該如此）。

「檢討、調整、重複」階段跟努力讓成果問世一樣重要。既然你有使用者，如果你沒聽進他們的意見做出必要改進，那你應該也會收到抱怨。過程很簡單：檢討、調整、重複。經過幾輪測試循環後，接著就是「規模」。

絕對不要太早擴大規模，因為那代表增加麻煩。因此你在拓展市場或是全面上市之前，你需要三到五輪的「檢討、調整、重複」階段。以下是幾種幫助你更有效（且低風險）進行「檢討、調整、重複、規模化」的方法：

檢討：

■ **好好利用顧問**

確定你是從有經驗的人身上得到反饋和建議，包括使用者、導師和部門員工。如果你沒有得到這些聰明之士的意見，許多想法就會在你腦海裡打轉、讓你更不知所措。

■ **反饋**

詢問，閉嘴，傾聽，做筆記，別批判，感謝對方，做出決定，持續重複。

■ **聽取建議，但是別太多**

有時會出現太多建議或太多導師。別聽進這麼多聲音，否則你會不知所措、一事無成。

■ **延後決定或暫時停止**

有些決定之大，需要時間沈澱。你需要讓極端的情緒平靜下來，根據決定重量給予適當的時間，讓你的潛意識運轉並尋求解決之道。

■ **關鍵績效指標（KPIs）**

關鍵績效指標或數據都隱藏著不為人知的答案。持續分析數據和關鍵指標，並且根據過去的經驗與事實做決定，而不是憑空猜測或根據偏見做決定。

調整：

■ **重複過程**

一架飛機在飛行過程中有百分之九十七的時候會偏離航道，沿途必須不斷進行修正。定期的小調整會比做出革命性、高風險的大改變要好。

■逐步改善

別一次全改或改太多。如果一次改一點，你會看到不同差異所帶來的影響。如果一次全改，你就不知道什麼有用、什麼沒用。許多人都以為改變等於改善，但改變往往也會壞事。單一的小改變相對比較簡單。

■漸進自主

在進行調整且不斷改善後，你會開始自動調整，不用時時回頭修正。更新系統，保持進步。

重複：

就是直接重複「檢討、調整」的過程，逐步執行改善。確定你不斷做出小改變，以此保有不停測試的心理狀態。

規模化：

唯有當你得到可靠數據、經驗以及經過壓力測試的系統，你才能擴展規模。如果擴展太快，你可能會因為無法消化而壞了好事。一開始就取得好結果，進而想把餅做大是一件很誘人的事情，但這也會比維持現狀更危險。

在「擴大規模」之前，先確保你已經做過幾輪的「檢討、調整、重複」。

最後一點：**你得知道何時該說不，知道何時該放棄或放手。**別以為所有事情開始了就一定得完成。

事實上，做徒勞無益的事情會讓你在金錢、時間或名聲上付出巨大代價。事情可大可小。如果你正在讀的書不怎麼樣，那就別讀了，換一本吧。如果你的事業或產品不見起色，收手吧。

當然，你肯定不想每件事做到最後都一事無成。相反地，你必須擺脫對完美主義的要求，而且如果方向錯誤，你也不用擔心因為別人批評而硬著頭皮完成。別因為害怕收手的後果（例如辭退某人或結束一段不好的關係）而導致你不敢做出正確決定。

7

PART

如何做出更快、更好、更難的決定

50 休息與玩樂

我開始創業時，我單身、充滿渴望但一文不名，於是這成了「瘋狂工作」的強烈動力。

我將精力投入到所有工作之中，但多數時候都是浪費力氣或方向錯誤。如果我休息了，哪怕一天只休息一個小時，我都會有罪惡感，覺得自己退步了。「努力工作」是我衡量結果的標準。我一年至少會有一次過度疲勞，通常會生病，而這似乎也是強迫我停下休息的唯一之道。

這種狀態持續循環約四年左右，雖然我算是相當成功了（當年的百萬富翁），但這種狀態是無法持續的。當時我年輕、固執，聽不進任何人勸我放慢腳步、休息或要有點耐心的建議。我覺得我還有很長的路要走，我要彌補過去二十五年的不夠努力，而當時我所擁有的唯一資產是工作，而不是方法。

覺得自己像個三十八歲渾球的我現在終於知道當時年長、有智慧的那一輩人到底想告訴我什麼。

生命是一場馬拉松，不是短跑衝刺。當然，在浩瀚無垠的時間面前，生命終將灰飛煙滅。但現代人的平均預期壽命都在八十歲以上，而且還持續增加，你該想想在這樣的時間長度中，要如何確保自己保持身體健康和活力。如果你做自己喜歡的事情、愛你所做的事情，你應該就能活到八十算都還保有熱情與專業。

許多音樂家、藝術家、名人和運動明星，有些人我還認識，他們的事業生涯因為太過緊繃而縮短許多。

他們會迷失、壓抑、失去目標且最後往往依然沒有足夠的收入來維持餘生。華倫·巴菲特（Warren Buffett）承諾捐出百分之九十九的資產，他在五十歲時的身價只有總資產的百分之一，但依然是一筆不小的數字，而其絕大多數的資產收入都是在四十歲之後才賺到的。當被問到成功之道時，他打趣地說：「有三點。要活在美國充滿機會的年代，要擁有健康基因才能活得夠久，還要有複利。」

這句話乍聽之下有點輕率，但如果你深入思考就能感受到它的深度。

我們正處於一個矛盾的年代，在千禧年前後出生的這一代被說成是懶散一族，加上美國有影響力的一些人經常告訴大家要保持忙碌，說成功的唯一之道就是一天要擠出十八小時來工作。沒錯，要努力工作，在短時間內專注深入衝刺，然後休息玩樂能讓你：

- 恢復精力與情緒控制。
- 讓想法與創意湧現。
- 確保你不會拖延今天想要做到的事情。
- 保持容光煥發、魅力和吸引力。
- 活出最長壽、最有意義的生活。

這也是在提醒自己，因為我最初的預設狀態就是要努力再努力。我是由一個非常努力工作的企業家所帶大的，在他那個年代是沒有網路、社交媒體、外包和應用程式這些好東西。

上一代人的重要資產就是工作，但在現在這個年代裡，委託、接觸、影響、創造力、解決問題、建立團隊和體系、策略與遠見都跟努力工作一樣重要。

努力工作會把你身邊的人推開，因為你在壓力之下會對他們抓狂，有時你最愛的人就成了箭靶。

如果你有適度「玩樂」和好好「休息」，這些情況可能就不會發生。這不是真正的你，這是你對壓力或不知所措時的反應。你甚至可以嗅出一絲絲絕望的味道。這些一點都不吸引人，也沒有人想要當那個為別人破除魔咒的人。你必須要先照顧好自己才能吸引別人。沒錯，成就和野心固然重要，但是信念、耐心與持久性也要取得平衡。

高爾夫球員的職業生涯很長，我認識幾個非常成功的選手，他們從三、四歲就開始打球，一直打到三十多歲、甚至四十多歲。他們是如何在這漫長的職業生涯中不失去興趣或熱情呢？如果他們把自己逼過頭，誰也撐不下去。能堅持下去的人通常會讓自己徹底休息一段時間，甚至有二到四週的時間完全不碰球具。

從許多方面來看這肯定不容易，因為他們難免會擔心球技生疏，甚至落後對手幾週的練習強度。但重要的是，徹底休息才能保持渴望，有渴望才有動力。有時候你就是需要時間休息和玩樂，才能重拾渴望的動力。

我在二十六歲到三十一歲這段期間是真的很努力工作。當時我單身又一無所有，我努力工作都不會礙著誰。在我認識我太太後，她接受了我的生活模式，也給我賣力工作的自由。直到有一天，在我們最喜歡的泰式餐廳裡，面對桌上的帕能咖哩時，她說出了改變我人生的四個字：

「我懷孕了。」

十八個月之後的某一天，她要我坐下，然後以她一貫的優雅方式說：「羅伯，我對你所打造的這一切感到很驕傲，我也很愛這樣的你，但是如果你繼續這樣拚命工作，波比還沒醒來你就出門，他睡著了你才回來，你兒子很快就會長大，到時候你可能都不認識他了。」

這對我而言無疑是一大重擊。我一開始選擇反駁，強調我所有的努力都是為了家庭。

但實際上並非如此。是因為我心中的害怕與罪惡感，還有缺乏長期平衡與智慧的緣故。

如果你讀過《生活槓桿》（要如何在最短的時間完成最多的事情，把一切事務外包，創造你理想中的彈性生活模式），那你得感謝我太太，因為我努力讓我在自己的事業中徹底變得多餘，所以她現在不會有機會再對我說同樣的話了。

努力工作是你的選擇，而不是因為你必須。

開始行動的重點

工作、休息、玩樂。保持渴望。給自己時間發揮創造力、恢復能量和情緒，並且要保持容光煥發的樣子，如此一來，你可以擁有八十年到一百年的專注與熱情。

51 清空與清理

為了要平衡工作、休息和玩樂，高度專注過後需要恢復時間。定期清理空間與內心是很重要的。另外要提醒各位：請不要拿這來當拖延的藉口。「羅伯說要清理空間與內心，所以我一整天都在打掃和冥想。」

呃，請不要這樣。

你可以考慮採取以下策略，定期清空身心及空間中所有的干擾與雜音，如此一來你便能消滅忙不過來和拖延的情況，並且用更少的時間完成更多的事情。請記住，一分鐘的計畫可以省下五分鐘做事的時間，因此定期規畫清空和清理也一樣重要：

- 移除可見範圍中的所有雜物。

- 每天一／二次全面整理行事曆（回顧、刪除與重定約會）。
- 清除設備資料（電子郵件、小程式、資料夾、歷史紀錄）；存檔、備份和清理所有檔案。
- 放空大腦（跑步、打坐、正念練習、休息）。
- 「待辦」清單／紀錄／想法（每週歸檔、清理、繼續進行、為後續儲備）。
- 定期進行健康清潔與檢查。
- 原諒並放下自己過去的錯誤及他人的過錯。

在《駕馭金錢》中我曾提過「真空富裕法則」。如果要讓生命迎來更多新事物，你必須先騰出空間。同樣的道理也適用於物質，像是定期清理衣服和雜物，才有空間擺新東西。

這同樣適用於金錢：先給予才能得到。別攢著不動，要先流動才能有所收穫。

這同樣適用於思緒：想要獲得想法、創意和解決之道，你必須先清空快要滿到爆炸的大腦。一個塞滿各種雜七雜八想法的大腦，是沒有空間接收新想法的。

你有無限的創造力，但前提是需要有空間。如果想要感受到良好的情緒，你必須先清空一直縈繞在心中的壞情緒。

與你過去的錯誤握手言和，也放下他人過去對你所做過不好的事情。你和對方在當下都已經盡力做出最好的選擇了。

清腸對身體也是有好處的！

或許你也可以對某些馬屁精或所謂的朋友進行「真空富裕法則」，讓更有質感、更正直的人進入你的生活。

放下過去的包袱會讓你渴望的好事進入到你的生命當中。刪掉所有的約會帳號、放下所有的備胎選擇，你心中的白馬王子或白雪公主才能在對的時間進入你的生命。

就像裝滿程式與檔案的電腦會拖慢處理器的速度（有時你還會聽到雜音、發現電腦過熱），如果你的生活裡充滿雜物與混亂也會出現同樣情形。放下小事才有空間做大事。

開始行動的重點

定期清空和清理可以釋放出你的生活空間，放下小事為大事鋪路。經常或偶爾深度清理你的身體、心靈、設備、干擾、悔恨、包袱、情緒、財務和行事曆，讓自己重拾自由、開放和充滿能量的人生。

52 （用最小的力氣）開始流動

在此提醒各位，《心流》的作者米哈里・齊克森將這種流動狀態形容為「內在動力的最佳狀態，是人們充分融入當下所做之事的感受」。

重提這一點並不是要重複先前提過的內容，而是要加以補充。除了要將時間最大化和把付出、抗拒最小化之外，如果你處於流動狀態，要做出困難和重要的決定會較為容易。你會更自然相信直覺，而想法與解決之道會自然朝你湧來。

在面對重大決策時，人們經常會把自己逼得太緊、考慮太多，並且給自己加諸壓力；因為比例決策法則以及重大決定的重量，上述現象是可以理解的。但弔詭的是，越努力結果往往越糟糕。

李小龍武打技巧的力量是來自於放鬆，而非緊繃，並在出拳踢腿時避免太過用力。撞球選手在推桿時的力量是來自非常放鬆的抓桿方式。好的喜劇演員則看似放鬆與自然。板球運動員的四分打與六分打在於時機而非蠻力。在所有看似不用任何技巧的領域中，「省力」和放鬆才是關鍵。當然，要達到這種狀態需要大量的付出與練習。

「把練習當作比賽，如此一來就能像練習般比賽。」——鮑伯・羅特利亞（**Bob Rotella**，高爾夫球選手）。

在狄帕克・喬布拉（**Deepak Chopra**）的《人生成敗的靈性7法》（*The Seven Spiritual Laws of Success*）中，其中一條就是「最省力法則」。我曾經非常非常努力想要實現這一條！但我越努力……越糟。

我的問題之一就是會把自己逼過頭了。

就像運動，你其實是要保持放鬆。又像是你會覺得要努力再努力的工作，卻忘了還有聰明工作的心態與技巧。有時候因為我太固執而令人討厭，有時候你必須面對，有時候你得放手成長。

喬布拉認為：「自然的智慧是以一種不費力的簡單方式在運作，伴隨著輕鬆愉快、和諧與愛。」當我們從大自然中學到這一點時，就能輕鬆達成心願。綠草不用試圖成長，它自己就是會長大。魚兒不用努力游泳，牠就是會自然游動。這是本能。太陽的本能就是散發光芒，而人類的本能就是使其夢想成真——輕鬆且不費力。

「當我們想要尋求力量與控制他人時，就是在浪費精力。當我們只為了個人所得而想得到金錢時，就是切斷了朝自己而來的流動能量，干擾智慧的表達。我們把能量浪費在追逐虛幻的快樂，而忘了享受當下的喜悅。」

我發現這是一種非常強大的概念。有時候我們只需讓自己別擋路，要強迫自己做少一點。是我們阻擋了天然秩序。

設定目標，然後要達成，但是別逼太緊了。不要過度控制孩子的行為和員工的工作方式，也不要控制他人該如何達成你的期望值。要對無限智慧有信心，也要接受朝你而來的「高層指示」。如果要體會「最省力法則」（用最少的力氣），建議你：

■ **接受他人、情況與事件當下的狀態**

你無法改變當下，但是如果你接受當下，你就能改變未來。在你遇到任何挑戰時，提醒自己：「這就是當下該有的樣子，因為整個宇宙也正以其該有的方式在運行。」

■ **承擔全部以及個人責任**

為了你的每個決定以及你的處境。絕不要怪任何東西或任何人，包括你自己、你的決定或行動。每個問題都代表著當下的機會，並且能轉變成更大的利益。

■ **放下捍衛觀點的需求**

對各種觀點保持開放的態度，而非對某一看法有所偏執。接受改善，擁抱一直都在但大部分時候眾人都沒察覺的天賦。

開始行動的重點

在流動狀態時，因為沒有摩擦和緊繃壓力，你會自發做出更好的決定，直覺也會變強。

不要逼得太緊，放手任其成長，並且使用「最省力法則」，就跟大自然一樣，實現一切你值得擁有的事情（而且是無限的）。

53 願景與價值

如果你讀過我的《駕馭金錢》與《生活槓桿》，就會知道我堅信對於符合個人願景和價值的事情，你會主動做出決定及採取行動。要將你的任務或重大決定與個人願景及價值連接起來應該不會太費力，你就是知道自己應該怎麼做。

如果你對生活沒有清楚的遠見和目的，不知道該如何找出生命中的特質與熱情，那就先看看《生活槓桿》，先做簡單的願景與價值練習。這是非常重要的一步。這將抵銷掉你所需要做的百分之八十的決定，因為一旦你清楚生命中重要的事情為何，其他的旁枝末節自然會消失。

當你得做出困難、重要、不知該如何是好的決定時，先迅速檢查你的做法是否會違背個人願景和價值，這能讓你當下看清楚該採取什麼正確行動。你已經根據個人價值在生活了，只是你不知道罷了。你可能只是沒有把事情跟你的個人價值及適當的處理方式結合在一起。

如果這件事情對你很重要，你就會找出辦法；反之，就是找藉口。

■ 價值

價值是生命中對你而言最重要的事情，有一定的優先順序。家庭、健康、生意、興趣、熱情、工作、旅行、自由等概念都算是價值。

你跟他人的價值優先順序不會一樣，因為如果在世界上有一模一樣的兩個人，其中一個就沒有存在的必要了。你的存在之所以特別，正是因為找不出第二個你。當你按照自己的價值而活，你就是最棒的那一個，你處在流動狀態，專注且自發性地排好優先順序。

願景

你的願景是一生價值的體現，是人生的地圖，在缺乏明確方向與茫然時，指引你通過選擇的十字路口，幫助你做出困難決定，順利度過挫折感、注意力分散和過渡期。沒有遠景和目的，你就不知為何而做。

這也說明了為什麼現在有許多人都在尋找生命意義。我相信生命的意義是找到你特有的目標，如此一來才能為人類社會增加價值，進而造福所有生命。

開始行動的重點

如果對正確行動有所懷疑，先看看這個重大決定是否與你個人願景和價值有所抵觸。

將行動結合個人願景和價值，你自然就會保持專注、找到優先順序。

54 管好你的內心混魔

許多人都是受情緒所控制，有些人一輩子都是如此，有些則是時不時失控。你是否曾有過憤怒或不顧後果的反應，然後事後才來後悔？可能是對某人發火，或是在讀完郵件後因為你的（錯誤）解讀而回信轟炸，又或是你太快做出決定，最後覺得自己很蠢。

我們都有這類經驗，沒有誰是完美的。

做出這種反應的不是你，是你的內心混魔，是那個情緒化、幼稚且多變的你。

妥善管理情緒就是掌握生活。

做情緒的奴隸是危險的，你不僅無法掌控生活，還會將身邊的人及成功越推越遠。這種內心情緒會嘲弄、詛咒你，會把你的恐懼、過去的包袱和他人曾經對你造成的傷害全都化為內心混魔嘮叨、暴躁的聲音。

管理情緒並不是要否定個人感覺，而是要觀察並理解自己的感受。你為什麼會認為這樣？為什麼會有此反應？這種情緒波動的目的為何？

你可以透過以下十種方式在生活中認識、管理和掌控個人情緒，進而主導你的決定、行動和結果：

讓自己抽離情緒以及內心中彷彿來自他人的聲音，不帶任何批判去觀察。「啊，羅伯，那是非常有趣的反應。看看你的內心混魔幹了什麼好事！」

情緒或反應背後是什麼：

這些情緒或反應從何而來？內心為何有此反應？

為什麼會一直出現：

為什麼你沒學到教訓？導火線是什麼？

若要由此成長，你需要得到什麼反饋：

你該如何透過控制反應提升掌控力？

此種情緒的好處為何：

內心混魔背後所隱藏的好處及教訓為何？

孤立自己：

找個地方獨處，讓當下生活與他人都不會受到你的情緒所影響，直到情緒消退為止。想辦法讓你的內心混魔浮現，然後消滅。接著用平衡的角度來思考下一步該如何行動。

找個沙包朋友：

找個你可以信任、不會批判你的朋友。問他們：「拜託可以讓我發洩一下嗎？」勇敢釋放出內心混魔，然後驅逐他！一旦釋放出來，你會覺得好多了。累積和壓抑強烈情緒會導致負面的激進行為，會徹底崩潰或生病。

擁有可信任的商量對象：

找到可以討論且能提供好意見的好朋友、顧問和導師，讓他們幫助你進行思想碰撞。尤其是經歷過把內在混魔變成外在惡魔的人。

閱讀、傾聽並且關注專家的行為軌跡：

在你一直備受挑戰的領域，盡可能向最好的人學習。

開始行動的重點

透過釋放與觀察個人感受來管理你的內在混魔，單純注意觀察就好。你的內在混魔不是你，那是多變、情緒化版本的你。先深呼吸，獨處一會兒或是找個可信任的對象商量，一旦情緒（惡魔）消失，你就能按照上述方式做出正確、明智的決定。

55 做出真正困難的決定

本書不只要教你如何快速做出決定，還要做出聰明的決定。我希望各位不用做出攸關生死的決定。無論本書提出多少應對策略，你在生活中依然無可避免要做出一些真正困難的決定。

回顧本書中所提過的決策策略，找出到目前為止你認為最有用的方式。有些可能是你之前有猶豫過或不知道的，像是包括「比例決策法則」（第四十八章），「優點與缺點」（第四十三章），「直覺VS.資訊」（第四十章），「降低風險」（第四十一章），「願景與價值」（第五十三章）等等。如果你看過了這些內容，還覺得做決定有困難，那麼就接著採取以下步驟。

〇、第「零」步就是先接受這真的是一個非常困難的決定

……因此可能沒有所謂正確（或明確）的答案。這也意味著可能沒有錯誤答案。

一、不要追求正確答案，要找出當下情況的最佳解決方法

二、正確之事往往是你所面對最困難的決定

這聽起來很明顯，決定之所以困難是因為你不想做出困難的決定。因此，潛在答案就在這裡。

三、這種情況你會建議朋友怎麼做？

先抽離自己，讓自己能用清晰與平衡的角度來看事情。換成是你所關心的人面對如此困境，你會建議怎麼做？

四、尋求曾有相同困境之人的意見

有人也曾經經歷過相同的痛苦。敞開分享你的感受與所面對的挑戰。如果對方也有同樣感受，他們是如何處理的？

五、尋求更高的力量

無論你是相信宗教、精神、禪修、無限智慧或視覺化，尋求信念的最高力量協助，答案自然會出現。

六、為多數人做出最正確、仁慈和關懷的決定

想當職業婦女就必須做出抉擇。當你有家庭、有經濟壓力的時候，要離開另一半就是個困難的決定。鱷魚先生史帝夫．厄文（Steve Irwin）的遺孀泰芮．厄文（Terri Irwin）知道自己的先生在冒險。賈桂琳．甘迺迪選擇嫁給約翰．甘迺迪的時候也知道有風險。要記住，這世界上還有許多人得做出比我們更困難的決定、面對更糟糕的結果。

開始行動的重點

有時你不得不做出困難的決定，而且不該輕率完成。

請重新練習本書中你認為最有用的決策技巧，然後練習上面做出困難決定所需的六步驟。

做對的事情。尋求曾經面對相同困境之人的意見。往往你只需要面對，然後去做你知道該做的困難之事。

PART 8

投入

如果你準備全力以赴，最好是先做出決定，然後堅持下去。

不斷的切割、改變、停止和重新開始不僅會讓你原地打轉，而且還會因為你缺乏一致性而降低對你的信任。

做出承諾，然後堅持下去，要知道堅持承諾有助於你做出更多正確決定、完成更多正確事項，並且讓別人更信任你。

投入與放棄需要相同的精力。停止再開始再停止再開始所需的精力跟強迫自己面對挑戰並且堅持下去所需的精力是一樣的。

有些人天真的想尋找完全的自由，但現實情況是無論是誰，每個人都要對別人負責：老闆、孩子、配偶、客戶、股東、員工、上司、下屬和粉絲。而且就算我們告訴自己不喜歡這樣，我們還是需要有這些對象的存在。

接下來我將幫助你更明確做出正確的承諾，然後堅持下去。

56 優勢、弱點與錯誤

許多人都會說犯錯是可以的，但是絕對不要犯相同錯誤。

我想對上述這句話提出挑戰，因為大多數的人其實都是一次又一次犯下相同錯誤，但也會遵循同樣的方式一次次獲得成功。這是因為我們做了自己。我們的習慣與人格特質隨著年齡增長而更加根深蒂固，我們也因此會重複相同的行為模式。

這是好事，也是壞事。做出相同愚蠢的錯誤決定而沒有學到教訓，這明顯是個大問題。但相對之下，我們也會重複優勢的行為模式。

沒有人可以擅長所有事情，因此也不會有人在每件事情上都表現很糟糕。這個世界上有許多事情在發生，而我們都有自己獨特的價值與目的。

能發揮優勢的事情就盡量保持專注，然後把弱點外包給他人執行，不要把過多時間與精力用在你無法改變的事情上面。

我一直在想，我們該如何集中精力、學習與努力改進。我們是否應該專注在加強個人強項，如此一來才能變成最棒的那一個？還是應該專注在補強弱點，才不會一直失敗、犯同樣的錯誤？我認為這是取決於個人的強項與弱點為何，我們擁有什麼樣的系統、人脈與資源，以及要如何獲得快樂、成果與金錢。

我能提出最好建議就是**把大部分時間和資源用在你的強項之上，做最好的自己**。然後你可以花一點點時間來補強你最大的弱點，將其提升到一個可接受的狀態。

把大多數時間用來補強弱點不會讓你變成最棒的那個人，而是會拖垮你的優勢，導致你在許多事情上就只會有普通或良好的表現罷了，補強弱點能帶給你的東西有限。世界上最優秀的人不會在每件事情上都表現平平，也不會擅長所有事情（不過也有例外的時候，有些成功的企業家有時也得當個好的通才）。

我樣樣通但樣樣不精，這也是為什麼我之前的職業或活動最終都失敗的原因。我（到目前為止）應該算得上是個成功的企業家，因為我對許多事情都略知一二，但其實真正的富豪和改革者通常都會擁有一、兩個強大的技能是別人所無法望其項背的。

將你最大的弱點提升到可接受的程度是很重要的。你不能不會管理情緒或把握對人的態度，然後就這樣矇過去。最根本的技能是進步的基本關鍵因素。一旦你知道自己的弱點，就把相關事情外包給比你更適合、更擅長做的人去執行，例如配偶、員工或助理。

如此一來，你不僅做的是你能做的事情，也能避開弱點，不會把事情搞砸。而在此同時，你又能透過委託他人來達成想做的事情，並把時間用在自己擅長和享受的領域。這能帶給你自由、讓你快速提升，並且將討厭的事情和消耗時間、精力與幸福感的事情外包給別人。

我花了二十六年才想通這一點，而且我得感謝我神奇的生意夥伴馬克。從二○○六年開始，我們的夥伴關係存在著一種逆向工程。

我意識到自己做事不斷跳來跳去，我似乎可以很快上手一件事情，然後又拉著自己去做另一件事。

通常我最大的弱點就是在某些我還算擅長的事情上或才能薄弱的方面選擇妥協。我在第一次房地產活動見到他時，一開始我覺得他很奇怪，甚至可以說是詭異、古怪。後來我發現，他對我也有相同感覺！

幾個月後，我終於意識到他不僅是擅長做我沒辦法做好的事情，而且他是真的很喜歡做這些事。

一開始，我想我最好閉嘴，免得他把這些事情丟回給我！我發現原來我的沉默是讓他有更大的自由去做他愛做的事情，而且我所做的事情正是他不喜歡的。他也同樣意識到了這一點。我們都讓對方做自己喜歡做的事情，也少做了自己討厭的事情。而我們所討厭做的事情都由對方妥善完成了。

這有巨大的加分效果。我不是說這樣很完美，有夥伴也會有挑戰，把事情外包與放手也有風險，但這也是讓雙方成長的方式，而不是拚命把事情往自己身上攬。我們雙方都不用改變，還可以更自在地做自己，這才是真正的自由。

我們可以把事情委託彼此。我甚至把所有擔心的事情都外包讓馬克去做！如此一來我還可以安安穩穩睡上一覺。但我也承接所有他討厭的事情作為回報。

開始行動的重點

把多數時間專注在建立你的強項之上，用一點點時間將你的弱點提升至可接受的程度，然後把其他事情外包、委託他人。

別試圖修正做不好的事情，因為你的擅長與不擅長都是互相平衡的。你就是你，這是最好的。你的人格已經成形，因此就順其自然，而不是徹底改變自己。

57 信守諾言

你所說的話不能只是說說，而要認真對待。別人會相信你說出口的話。你的話是衡量你個人價值的方法。你的話會（不斷）建立起信任、可信度、商譽、權益、借貸價值和一個有信譽、值得分享的品牌。

因為你的話就代表你，一旦沒做到自己所說的，會顯得自己很無能、不值得信任（哪怕你是好人）、令人失望。

你可能是無意的，但有些人是真的需要仰賴你信守承諾，而如果你做不到的話，可能會讓他人陷入困境。小事情會引發大問題，所以像失約、延遲取消或是放人鴿子都會導致更嚴重的事情發生。從小承諾開始做起，你的守信肌肉會慢慢練出來的。

有人說紀律就是做你知道正確的事情，無論多麼困難、就算是不喜歡也要做到。任性的情緒、缺乏精力、熱情或沒耐心都會讓你想放棄。以下有幾種方式能幫助你做出正確決定、信守承諾。你給了什麼就會出現什麼，你放了什麼就會得到什麼：

別過度承諾或輕易承諾：

說出口之前先想清楚，不要對所有事情都說「好」。不要因為基於愧疚感或不想讓他人失望而說「好」。嚴謹對待自己做出的承諾，如果能堅持做到，你就不會讓自己陷入困境。只對你有興趣、能做到，或必須做到的事情說「好」。

想想看你未來的感受，以及事情之後會發展成怎樣：

通常重大承諾在事後看來會比小事情讓人感覺更好。開始越困難，果實就越甜。所以當你想要放棄時，試著去想想或感受你在事後會做何感受。然後當你信守諾言，你會覺得很棒。鼓勵、誇獎自己一下吧。這件事情很有挑戰性，但是你辦到了，現在感覺很好。這會訓練你處理並享受更大的承諾。

知道並想起自己的初衷：

有時候，我們說了太多的「好」，但卻忘了一開始為什麼會說「好」。我們會失去熱情與方向，然後放棄。在你取消任何事情之前，試著回想一下你一開始為什麼會說「好」，想想正面因素將有助於你完成挑戰。

尊重他人的時間與感受：

你的時間與感受並不會比別人更寶貴。尊重他人的時間就像想尊重、保護自己的時間一樣。每個人每天也都有自己的優先順序和「待辦清單」。你的取消會打亂別人的安排，這是不公平的。你如果不想被別人打亂，就別這樣對別人。

別修理自己，給自己一點回報：

如果你做不到自己所說的話，不代表你是個不好的人。所以別因此把自己逼入死角。找個小方法從失信中學習，你為什麼會這樣，然後以更善良、大方或努力工作的方式「重拾」你的人格、名聲與信譽。多付出一點，多做一點。

如此一來不僅能重拾名聲，也能讓你變成更好的人。當你搞砸了，就要更大方面對，你會贏得他人的信任，因為他們相信你不會再犯同樣的錯誤，而你的回應方式才是最重要的。

對自己信守承諾不僅是關乎個人名聲、品牌與信任，更是尊重自己的行為。這關乎你對正確的事情是否能自信而明確的說出「好」或「不」。

你的話是建立個人存在的基石，也反映出個人誠信。信守諾言或違背承諾關乎著建立或摧毀掉個人特質。

開始行動的重點

對於答應的事情要謹慎且有策略。當你清楚自己在做什麼，要把注意力集中在你為何要答應，然後投入去做。

你的承諾，因為這關乎你的品牌、名聲、商譽、權益、借貸價值以及最重要的——信任。

在你猶疑時，回頭看看當時的初心。

58 做知道的事情

知道而不做就等於不知道。大多數時候，你是知道自己該做什麼，那為什麼不做呢？本章將讓你快速「對自己承諾」。

你不需要知道新知識，也不用什麼祕密或特殊技巧，只需要真正採取行動：

別再想了，先開始做：

做一件事情如果要先想很多，結果往往就是什麼都沒做。別因為事情的規模大小而讓自己不知所措。停止拖延，明智地快點開始吧。

擺脫干擾，孤立自己：
確認你擁有完成工作的所有資源，排除所有干擾項。

擺脫空洞：
別再猶豫不決，走出真空地帶吧！現在下定決心做某件事，然後再一步步改善。

先解決大魔王：
先把困難的事情迅速處理掉。先做再說。跨出最困難的一步，把一直拖延的事情給完成。先處理掉最困難的事情，你會感覺很棒，而且也不會讓別的事情再拖住你，因為這只會浪費更多時間罷了。

不要回頭：
你已經做了決定，現在就只要往前看。不要懷疑自己或想著其他的可能性。你已經做出承諾，現在就該堅持下去。

停止尋求更多意見：

夠了！你已經做過了。你知道該做什麼，所以不要再讓更多的聲音來影響你的決定，你需要的是提高專注力。

開始行動的重點

本章十分簡潔扼要，請嘗試上述方法。你知道該做什麼就動手做吧。

59 把決定做對

決定的重要性不在於做決定，而在於把決定做對。

一個好的決定也可能因為壞的管理行為而變不好。同樣地，一個壞的決定也能因為持續做出好的決定和採取正確行動而有所改善。

如果你在做決定上有所猶豫，則做出正確或錯誤的決定機率是一半一半。

你可能會說，不管你做什麼決定其實都沒那麼重要。一旦你決定要集中注意力去做的事情，就要設定好優先順序、完成事情。因為每一個決定都會影響另一個決定，而最後的決定甚至可能與最初的想法關係甚為薄弱，而你會有另一個機會做出好的決定、離你想要的結果更近一步。

盡量別給自己後備方案。如果你有後備方案，表示你有退路，那就無法專心朝目標前進。

大部分的錯誤都可以變成對的。只要你決定跨出那一步，頻頻回頭只會拖住腳步。向前看，就算向前走可能會跌倒。

要相信自己會找到出路。如果別人能做得到，只要是人力所能及，你也能做到。你對結果的信念、對個人能力的信任都會幫助你找到出路，這會比頻頻回顧決定的好壞來得實際。

這才是你百分之九十的時間、精力與專注度應該擺放的地方，而不是只關注單一決定。在做出對的決定上，你有權力控制。

接下來，看看你是否能猜出這個人是誰：

二十一歲生意失敗。

母親和妹妹過世。

二十二歲競選州議員失利。

二十二歲生意再度失敗。

徹底崩潰、臥床半年。

二十六歲時，他心愛的人過世了。

破產。

長子四歲死亡。

二十七歲再度崩潰。

三十四歲競選國會議員失利。

三十六歲競選國會議員失利。

次子十二歲死亡。

四十五歲競選參議員失利。

未能成為四十七歲的副總統。

四十七歲競選參議員失利。

五十二歲當上美國總統。

這個人是亞伯拉罕・林肯（Abraham Lincoln）。

說林肯總統很厲害並不為過。他順從夢想而做出決定，就算最不幸、最可怕的事情降臨在身上，他依然做出困難決定、採取一切必要行動。我非常欣賞林肯總統的精神。

接下來是另一個頻頻做出困難決定、但往往把決定做對的人。猜猜她是誰？

八歲時母親離開她。

在學校因為穿馬鈴薯袋做成的裙子而被嘲笑。

九歲時被強暴。

被家庭友人、叔叔和堂兄性侵。

因為家庭性暴力而逃家。

十四歲懷孕。

長子出生後死亡。

獲得當地黑人廣播電臺兼職新聞播報機會。

成為最年輕的新聞主播以及第一位黑人新聞女主播。

在那之後，她訪問了麥可・傑克森（Michael Jackson），創下了訪問節目的觀看紀錄。她成了五十大慈善人士中的第一位非裔女性，在教育領域的捐款金額超過四億美元。她有自己的事業網絡，每年年收入三億美元。她目前身價為三十億美元，甚至還有一條「歐普拉溫芙蕾路」。

跟林肯總統一樣，歐普拉也做出困難的決定，經歷許多棘手的事情，然後成為世界上最具影響力的人物之一。

眾人眼中的人生勝利組、曾經擔任Google副總裁和臉書營運長的雪柔・桑德伯格（Sheryl Sandberg）在四十七歲時失去了丈夫，於是她決定將悲傷化為力量，幫助他人面對逆境與失去。

開始行動的重點

無論你做何決定，都要投入完成並把決定做對。前面或許會有障礙，但許多知名人士也都經歷過困難時刻，然後才持續邁向偉大。

儘管要面對挑戰，你還是可以盡一切所能，投入所有資源、專心致力於完成決定之事。你可以把決定做對。

60 把對的事情做對

任何決定通常都有一項舉動更勝於其他事情。當你相信自己與直覺，就能不費力氣感受到這一點。狄帕克·喬布拉稱此為「自發正確行動」：

「在每一秒都有眾多無盡的選項中，只有一個決定能為你和身邊的人帶來喜悅……自發正確行動，就是在對的時間做對的事情。這也是對每種情況的正確因應之道。」

在此狀態做決定，你的思維與行動是跟宇宙法則一致的。他們是「對的」行動，因為那是在當下時間與情況最適合的選擇。這些行為是「自發」的，在行動前你不需要刻意去計算可能的後果。

想像如果你的內心每天要評估三萬五千個決定，那會是怎樣的情形？事實上也不必如此，不然你會瘋掉！

對於自然、自發、本能行為的衝動是無法用邏輯解釋的。

「一個人用自然而簡單的方式行事……在意識不受限制的情況下，自然會採取與自然和諧共處的行為模式。」

我相信每個人都有這種「自然」決策能力。有些人說這叫「相信你的直覺」，也有人說「順從你的內心聲音」，也有人管這叫「無限智慧」。

也就是說，每個人都有這種能力。我也相信你能提升個人能力，順著自發正確行動做出更忠於自己、更可信任的決定。

懷疑、爭辯與批判分析都有可能阻礙自發正確行動。

我的人生中也曾做過錯誤決定，但是絕不會發生在我相信自發正確行動感覺的時候。有一次，我跟著人群走向利物浦足球場時，我看到地上有一團鈔票，大概有兩百英鎊。我撿起來之後，機車的大腦開始跑出各種可能性，然後為了把錢放進口袋找盡各種理由。誰會知道？這麼多人，我能交給誰？我不想錯過比賽。

另一次是發生在彼得堡皇后門購物中心，那是一個非常擁擠的週六午後，一個身上滿是刺青的彪形大漢，焦急的喊著一個男孩的名字。街上的人群都視而不見、匆匆從他身邊走過。我可能也會做出同樣選擇。我還有事要忙。如果他有威脅性怎麼辦？

邏輯是利用智慧來得到理解的方法。這是有效的，但不見得跟深層的本能反應一致。**當你信任和傾聽時，在無限可能中會迅速浮現自發正確行動，讓你清楚知道該把重點擺在何處。**

你沒有機會拖延或忙不過來。無論你是走靈性路線，還是更傾向批判思考，我們都有一種與生俱來的本能，知道什麼才是對的。我們只需移除在採取自然正確行動上的抗拒障礙。

在比賽開始前把撿到的錢交給售票處的感覺太棒了。我當下是可以把錢據為己有，但是我知道什麼才是對的。

我是真的害怕刺青男。當時我的第一個孩子快要出生了，我可以感受到他的心痛，也知道自己該怎麼做。

我覺得走丟的小男孩可能是在遊戲店裡，所以我從最近的一間遊戲商店開始找起，結果看到有一個小男孩正盯著新上市的遊戲，但眼神中難掩走失的焦慮。我問他是否跟父親走失了，他隨即放聲大哭，我拉著他穿過重重購物人潮，當我們接近他父親時，所有人似乎自動讓出了一條路。

當父子倆看到彼此，兩人都緊緊抱住對方大哭，那是我見過最漫長的擁抱了。接著他們緊緊抱住我。當他們終於放開我之後，還一再道謝。

在回家的路上，我覺得很不可思議，並且對我的自發正確行動深信不疑。

開始行動的重點

自發正確行動是在無限可能性中出現的單一自然正確行動選擇，是一種無需抵抗就能得到的自然結果。這需要的是本能和對自己的信心，無需太多的邏輯思考。

你一直都具備這種能力，你能感受到且不需費力。

61 由解決問題的人統治世界

這世界上有無限種解決方法，也有無限個問題存在；我們需要在秩序與混亂之間取得平衡點。

我們可以跟許多人一樣把問題當作難題，選擇抗拒，或者也可以視為是通往答案的必經之路；正如同錯誤可以看作是失敗，也可以是離成功更近一步。

如果我沒辦法看到問題或挑戰的好處，或是期待難題自動消失時，我會想像一下典型的電腦怪咖。在我眼中的他們是一群喜歡深入探究問題的人，問題越棘手，他們越想解決。

有這麼好玩的事情，誰還需要睡覺？或是想像努力研發解毒劑或治療藥物的科學家，他們不會兩手一攤、把問題丟給別人，然後嚷著：「去他的，沒用。我討厭這件事。管他的，我要回家。」

在解決大問題上，心態跟技巧一樣重要。沒有人一開始就知道該怎麼辦，否則問題就不是問題了。

我們所有人，無論你多聰明、多有經驗——你是大師還是弱雞、初學者或人生贏家、億萬富翁還是失業者——在遇到問題時的起點都一樣。而你的態度跟才能一樣重要。

在面對問題時，人們最極端的反應和方法有兩種：

情景A：扮演受害者。沒辦法。為什麼是我？被打敗。希望問題自動消失。逃避。痛苦。

情景B：端上檯面。採取行動。我可以做到。這是機會。有可能的解決方法。我喜歡挑戰。

因為多數人都是傾向情景A，於是問題解決者在社會上的價值就大幅提升。這些能解決大問題的人變成了領導者，吸引了無數的粉絲和追隨者（那些選擇情景A的人）。

在許多情況中，這些因為擁有問題解決能力而變成領導者的人會鼓勵、影響他人也變成問題解決者和領導者。你對社會的價值以及所能留下的影響，還有你所能得到的財富與成功，全都與你能解決的問題規模、頻率、數量和意義程度有直接關係。

如果你分析那些有意義的發明或是科技、社會上的進程，你會發現創造者與創新者都將困難視為挑戰。

他們在前進的路上可能會中大獎，也可能受到阻礙。有時候他們得不斷檢討、調整和重複過程，直到找出答案為止。在科學與醫學的進展過程中不免有人付出生命代價。舉例來說，起搏器一開始是龐然大物的外部設備，需要接上電源，因為當時的電池技術還不足以支持植入。

隨著多年過去與問題解決技術的提升，威爾遜．格雷特巴奇（Wilson Greatbatch）終於找到辦法將起搏器微型化。

我的朋友威爾森則是將他的成功歸因於堅持不懈，知道每一次的不成功都代表距離成功又更近一步，他表示：「十次當中就算九次失敗，第十次會讓前面九次都有意義。」我還發現他把問題稱為「解答」，不叫問題。

偉大的公司、創新者和領導者會持續解決問題，讓大眾的生活更加輕鬆、快速、美好與方便。這需要的不是天才，而是接受問題、處理問題和享受問題的態度。問題解決者統治了世界，而其他人則是帶著希望、信念和感謝追隨著，期待自己的問題因此得以解決，並且認真解決自己的問題。

開始行動的重點

你不必是個天才也能解決重大問題，只需要在利用技巧前先建立好心態。你對解決問題的態度決定了你的才能。

世界上有無限的問題、有無限的解決方式，因此問題本身與解決之道是共存的。投身問題並找出解決方法，你的個人價值與自我價值都會有所提升。

你會成為激勵其他領導者的偉大領袖。這個世界是由問題解決者所統治。

62 投資時間

如果你不斷一次次重新開始（一次次決定），那麼你就是重複浪費更多的時間。如果你吸取經驗、做法並持續練習，你未來的決定和行動就會變得容易、快速且更能憑直覺。每個決定不僅是當下選擇做正確事情的機會，也是投資未來做出更好、更正確的選擇。

以下有五種方式能幫助你利用時間，我稱之為WISLR。這拼法應該很好記。

W：浪費（Waste）

I：投資（Invest）

S：花費（Spend）

L：槓桿（Leverage）

R：恢復（Recover）

浪費：

別浪費有限的寶貴資源。分心、拖延、辯論、爭執、重複、捍衛立場、藉口、責備、辯解、尋求關注全部都會消耗你的時間與精力。

無情一點，盡可能降低這些事情對你的影響。

投資：

把時間投入建立資產，創造出可重複、能留存或被動、長期的利益收入。「花費」一時時間「賺得」永久獲利。時間能帶來安全、自由、財富和影響；所獲得的可能是資產、股票、生意、制度、智慧財產、領導力、教育、人員、外包、與所愛之人的相處時間、慈善事業等符合個人價值的事情。

花費：

時間可以花得很有價值，也可以成為浪費，端看你如何使用。

你可以把時間用在與所愛之人或與聰明人的相處上；可以把時間用在做你喜愛的事情，換取美好的人生；也可以把時間都用在網路上，或把自己賣給討厭的工作。對於如何運用時間要有足夠的意識與智慧，要善用時間而不要浪費。

槓桿：

時間槓桿是一種因投資時間而持續重複的獲利。是你不用執行也能自動處理的系統，像是重複利用之前完成的書籍或廣播節目，或是透過員工、外包來進行時間「槓桿」。

你人不用在場、不用親自去做，時間槓桿會釋放出更多時間，為你創造結果與收入。

恢復：

該是時候重新充電、計畫、思考、騰出空間、觀察、校正及好好活在當下，感受生命的色彩與意義；你可以做策略、計畫、設定目標、假期、跟所愛之人相處、發展興趣、禪修、追劇或睡覺。在我邁向四十歲之際，我越來越明白掌握時間的重要性。

開始行動的重點

生命短暫，一眨眼就過了。不要浪費時間，要珍惜、要保護。記住WISLR五要點，減少浪費時間，把精力用在做你喜歡的事情、用在你喜歡的事情和人身上。

63 如果不下定決心……

你將無法達成什麼？
你無法去什麼地方？
你可能會後悔什麼？
你將無法愛誰？
你無法變成哪種人？
你將無法放下什麼？

如果你不趕緊做決定，這些問題你可能終其一生都找不到答案。先預測未來、看看如果你可做而不做會怎樣；這可能會有點心痛，但也能讓你面對自己。

澳洲護士布羅妮．韋爾（Bronnie Ware）在安寧照護領域工作多年，陪著許多病人走完生命的最後三個月；她紀錄下患者臨終前的感悟，寫成《和自己說好，生命裡只留下不後悔的選擇：一位安寧看護與臨終者的遺憾清單》一書。她從臨終者身上學到最遺憾的五件事情為：

- 我希望我不要那麼在意別人的想法。
- 我希望我不要那麼擔心。
- 我希望我能好好照顧自己。
- 我希望我別把生命視為理所當然。
- 我希望我能活在當下。

人們在面對死亡時的其他遺憾有：

- 我希望我曾有勇氣活出自己的人生，而不是活出別人期待的人生。
- 我希望我沒有那麼努力工作。
- 我希望我曾有勇氣表達自己的感受。
- 我希望我跟朋友一直保持聯絡。
- 我希望我能讓自己更快樂。

或許最慘的遺憾就是遺憾本身。後悔著你曾經可以做到卻沒做到的事情，遺憾著沒能達成的目標和沒有變成你想成為的那種人。我這麼說並不是想嚇你，而是希望藉由當頭棒喝讓你決定行動。

每年做一次「遺憾測試」是個不錯的選擇。把時間快轉、拉到你生命的盡頭，用旁觀者的角度看著床上的你。你有什麼遺憾想跟他人分享？有什麼想對身邊的孩子們說？把這些話寫下來、放在你可以時常看到的地方，然後確保你在往後的人生中，你的決定與行為都能將這些遺憾減至最低。

「想想過去這些年來，你對自己說過多少次『我明天就做』，而老天一次又一次給你的時間，你又是如何揮霍掉的。該是時候意識到自己是宇宙的一部分，你有與生俱來的本質，並且要知道，時間是有限的。」——馬可・奧理略（Marcus Aurelius）

我不敢相信自己快要四十歲、人生快過一半了。我二十歲出頭之前的人生幾乎都是浪費掉的，但我不後悔，因為有過那段時間，才有現在和你在一起的我。而在荒野的那七年是我無法改變的過去，所以我只能繼續前進。我希望你把過去的遺憾、教訓與挑戰化做前進的動力，讓自己變成你應該要成為的那種人。你有驚人的天賦和才能，這個世界需要你。許多人很迷茫，需要你的指引。他們需要你先成為你應該要成為的人，然後他們才能變成自己想要的人。

將你的光芒灑在他們身上。開啟前方的道路。不要期待問題會自己變好、變簡單。

大衛・李伯曼（David J. Lieberman）博士在其《快樂的科學》（*The Science of*

Happiness）一書中表示，快樂是「朝有意義的目標持續前進」。不是休息和玩樂就會快樂。你人生中最快樂的時刻或許是完成困難任務、鬆了一口氣的時候；或是當你長期努力打造、創作或書寫的東西終於看到結果；或是你見到許久未見的家人或所愛之人的時候。

處理重大困難決定之所以能獲得喜悅，是因為你知道自己在挑戰中成長，並且解決了更重要、更有意義的問題。

我希望這本書能對各位讀者有所幫助。願各位的健康、財富、喜悅和決策力與日俱增。

結束行動的重點

當該說都說了、該做都做了。

開始永遠不嫌遲，但是拖下去就永遠來不及。知道而不做就等於不知道，所以就開始做吧。謝謝各位，非常感謝。我相信你辦得到。

要真正採取行動，現在就著手進行，之後再追求完美吧！

BI7120
拖延有救：
擊垮惰性，讓執行力瞬間翻倍，準時完成工作與生活大小事
Start Now. Get Perfect Later.

作　　者／羅伯．摩爾（Rob Moore）　　企劃選書．責任編輯／韋孟岑
譯　　者／張瓅文

版　　權／黃淑敏、吳亭儀、邱珮芸
行銷業務／莊英傑、黃崇華、華　華
總 編 輯／何宜珍
總 經 理／彭之琬
發 行 人／何飛鵬
法律顧問／元禾法律事務所 王子文律師
出　　版／商周出版
臺北市中山區民生東路二段 141 號 9 樓
電話：(02) 2500-7008　傳真：(02) 2500-7759
E-mail：bwp.service@cite.com.tw
發　　行／英屬蓋曼群島商家庭傳媒股份有限公司城邦分公司
臺北市中山區民生東路二段 141 號 2 樓
讀者服務專線：0800-020-299　24 小時傳真服務：(02)2517-0999
讀者服務信箱 E-mail：cs@cite.com.tw
劃撥帳號／19833503　戶名：英屬蓋曼群島商家庭傳媒股份有限公司城邦分公司
訂購服務／書虫股份有限公司客服專線：(02)2500-7718；2500-7719
服務時間：週一至週五上午 09:30-12:00；下午 13:30-17:00
24 小時傳真專線：(02)2500-1990；2500-1991
劃撥帳號：19863813　戶名：書虫股份有限公司
E-mail：service@readingclub.com.tw
香港發行所／城邦（香港）出版集團有限公司
香港灣仔駱克道 193 號超商業中心 1 樓
電話：(852) 2508-6231　傳真：(852) 2578-9337
馬新發行所／城邦（馬新）出版集團
【Cité (M) Sdn. Bhd】
41, Jalan Radin Anum, Bandar Baru Sri Petaling,57000 Kuala Lumpur, Malaysia.
電話：(603)9057-8822　傳真：(603)9057-6622

封面設計／李涵硯
內文設計排版／菩薩蠻數位文化有限公司
印　　刷／卡樂彩色製版印刷有限公司
經 銷 商／聯合發行股份有限公司
電話：(02)2917-8022　傳　真：(02)2911-0053

■ 2020 年（民 109）07 月 07 日初版一刷
■ 2020 年（民 109）10 月 15 日初版 2 刷

Printed in Taiwan

定　價 380 元

ISBN　978-986-477-871-3

城邦讀書花園
www.cite.com.tw

國家圖書館出版品預行編目（CIP）資料
拖延有救：擊垮惰性,讓執行力瞬間翻倍,準時完成工作與生活大小事 / 羅伯.摩爾(Rob Moore)著；張瓅文譯. -- 初版. -- 臺北市：商周出版：家庭傳媒城邦分公司發行, 民 109.07
304 面 ;14.8*21 公分
譯自：Start now. Get perfect later.
ISBN 978-986-477-871-3 (平裝)
1.時間管理 2.職場成功法　494.35　109008873

Idea man